U0204392

中华传统食材丛书

总主编 魏兆军 陈寿宏

# 昆虫卷

主编 魏兆军 俞志华

编委 诸鸿韬 张秀秀 张芮 管子璟

国家出版基金项目
NATIONAL PUBLICATION FOUNDATION

合肥工业大学出版社

# 总序

健康是促进人类全面发展的必然要求，《“健康中国2030”规划纲要》中提出，实现国民健康长寿，是国家富强、民族振兴的重要标志，也是全国各族人民的共同愿望。世界卫生组织（WHO）评估表明膳食营养因素对健康的作用大于医疗因素。“民以食为天”，当前，为了满足人民日益增长的美好生活的需求，对食品的美味、营养、健康、方便提出了更高的要求。

中国传统饮食文化博大精深。从上古时期的充饥果腹，到如今的五味调和；从简单的填塞入口，到复杂的品味尝鲜；从简陋的捧土为皿，到精美的餐具食器；从烟火街巷的夜市小吃，到钟鸣鼎食的珍馐奇馔；从“下火上水即为烹饪”，到“拌、腌、卤、炒、熘、烧、焖、蒸、烤、煎、炸、炖、煮、煲、烩”十五种技法以及“鲁、川、粤、徽、浙、闽、苏、湘”八大菜系的选材、配方和技艺，在浩渺的时空中穿梭、演变、再生，形成了绵长而丰富的中华传统饮食文化。中华传统食品既要传承又要创新，在传承的基础上创新，在创新的基础上发展，实现未来食品的多元化和可持续发展。

中华传统饮食文化体现了“大食物观”的核心——食材多元化，肉、蛋、禽、奶、鱼、菜、果、菌、茶等是食物；酒也是食物。中国人讲究“靠山吃山、靠海吃海”，这不仅是一种因地制宜的变通，更是顺应自然的中国式生存之道。中华大地幅员辽阔、地大物博，拥有世界上最多样的地理环境，高原、山林、湖泊、海岸，这种巨大的地理跨度形成了丰富的物种库，潜在食物资源位居世界前列。

“中华传统食材丛书”定位科普性，注重中华传统食材的科学性和文化性。丛书共分为30卷，分别为《药食同源卷》《主粮卷》《杂粮卷》《油脂卷》《蔬菜卷》《野菜卷（上册）》《野菜卷（下册）》《瓜茄卷》《豆荚芽菜卷》《籽实卷》《热带水果卷》《温寒带水果卷》《野果卷》《干坚果卷》《菌藻卷》《参草卷》《滋补卷》《花卉卷》《蛋乳卷》《海洋鱼卷》《淡水鱼卷》《虾蟹卷》《软体动物卷》《昆虫卷》《家禽卷》《家畜卷》《茶叶卷》《酒品卷》《调味品卷》《传统食品添加剂卷》。丛书共收录了食材类目944种，历代食材相关诗歌、谚语、民谣900多首，传说故事或延伸阅读900余则，相关图片近3000幅。丛书的编者团队汇聚了来自食品科学、营养学、中药学、动物学、植物学、农学、文学等多个学科的学者专家。每种食材从物种本源、营养及成分、食材功能、烹饪与加工、食用注意、传说故事或延伸阅读等诸多方面进行介绍。编者团队耗时多年，参阅大量经、史、医书、药典、农书、文学作品等，记录了大量尚未见经传、流散于民间的诗歌、谚语、歌谣、楹联、传说故事等。丛书在文献资料整理、文化创作等方面具有高度的创新性、思想性和学术性，并具有重要的社会价值、文化价值、科学价值和出版价值。

对中华传统食材的传承和创新是该丛书的重要特点。一方面，丛书对中国传统食材及文化进行了系统、全面、细致的收集、总结和宣传；另一方面，在传承的基础上，注重食材的营养、加工等方面的科学知识的宣传。相信“中华传统食材丛书”的出版发行，将对实现“健康中国”的战略目标具有重要的推动作用；为实现“大食物观”的多元化食材和扩展食物来源提供参考；同时，也必将进一步坚定中华民族的文化自信，推动社会主义文化的繁荣兴盛。

人间烟火气，最抚凡人心。开卷有益，让米面粮油、畜禽肉蛋、陆海水产、蔬菜瓜果、花卉菌藻携豆乳、茶酒醋调等中华传统食材一起来保障人民的健康！

中国工程院院士

2022年8月

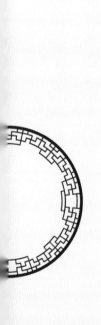

# 序

昆虫，属于节肢动物门昆虫纲动物，是地球上数量最多的动物群体，几乎分布在世界的每个角落，与人类的生活息息相关。根据荷兰瓦格宁根大学统计分析，全世界已经发表的与食用昆虫相关的文献表明：全世界可供人类食用的昆虫超过1 900种。中国、墨西哥和印度3个国家可食用昆虫分布种类数量均超过300种。相关研究表明，昆虫富含大量优质的蛋白质资源，例如蜜蜂和白蚁，其干体蛋白质含量超过80%。并且，昆虫蛋白的氨基酸组成种类齐全，其中人体所需8种必需氨基酸含量丰富，普遍为肉、蛋、奶的2～10倍。联合国粮食及农业组织认为：昆虫富含优质蛋白质、维生素等营养物质，可作为人类食物的主要来源之一，从而可以缓解当前全球粮食和饲料短缺问题。

早在远古时代，在人类文明开始农耕和游牧之前，昆虫就是非常重要的食物来源之一。在我国，有记载的食用昆虫的历史可以追溯至商周时期，当时的食用昆虫以蚁、蝉、蜂3种为主。《周礼·天官》中，“祭祀共麢、蠃、蚳，以授醢人”“腶修蚳醢”介绍了用于“天子馈食”和“祭礼”的“蚳醢”，即蚂蚁卵制成的蚁卵酱，是位高权重者的美味佳肴。《礼记·内则》中，“爵鷃蜩范”——蜩即蝉，范即蜂，则更是天子人君才能享用的珍馐。随着农业的发展，更多的食物可以被轻易获取，但昆虫并没有被人类所抛弃，从历朝历代古书典籍的记载中可知，昆虫的身影仍旧活跃在中国人民的餐桌上。《搜神记》中，“取蛴螬炙饴之。母食，以为美，然疑是异物，密藏以示彦。彦见之，抱母恸哭”，介绍了盛彦给双目失明的母亲食用蛴螬，助其复明的典故。《唐书·五行志》记载："贞观元年，夏，蝗……民蒸蝗曝，扬去翅足而食之。"元朝吴瑞在《日用本草》称"缫丝后蛹子，今人食之，呼小蜂儿"。这里的"小蜂儿"便是我们现在也广泛食用的蚕蛹。

我国食用昆虫的传统延续至今，不同地区的食虫风俗各不相同，如湖南湘西一带喜欢吃炒、烤蜂巢；广东、广西地区视龙虱、田鳖为珍贵食品；云南地区的昆虫小吃更是琳琅满目。可见，在勤劳智慧的中国人民手中，昆虫的食用方法颇具花样。随着历史的发展和进步，更多的昆虫资源被搬上国人的餐桌，昆虫的食用方式也更加丰富。

中国工程院院士、江南大学未来食品科学中心主任陈坚曾指出："加快开发昆虫食品和有效药品，可以满足运动员、老年人、少年儿童对营养健康和药用的需求，既能取得较好的社会与经济效益，又能推动我国未来食品和大健康产业的创新发展。"

对食用昆虫的研究既要传承历史，也要注重创新与发展。本书根据历史典籍和中国食用昆虫的习惯，记录了31种中华传统食用昆虫。根据各昆虫的种属分类、形态特征、生长习性等方面的内容，综述了其物种本源。利用现代食品科学技术，分析了各昆虫作为食品的营养成分与营养价值；综合了传统古方和民间风俗，列举了各昆虫最具代表性的烹饪方法或加工方法，并说明了食用的注意事项。最后附了一则与该昆虫相关的传说故事或"延伸阅读"短文，帮助读者了解相关昆虫背后的人文典故。本书旨在介绍昆虫这一中华传统食材的相关知识与食用方法，为食用昆虫的传承与研究提供借鉴与参考。我们希望更多的读者通过本书了解、分享、传承食用昆虫的历史与文化，更希望本书能引起更多人对食用昆虫的兴趣，推动我国食用昆虫产业的进一步发展与创新。

江苏大学食品与生物工程学院何荣海教授审阅了本书，并提出宝贵的修改意见，在此深表感谢。

魏兆军

2022年8月2日

# 目录

# 家蚕

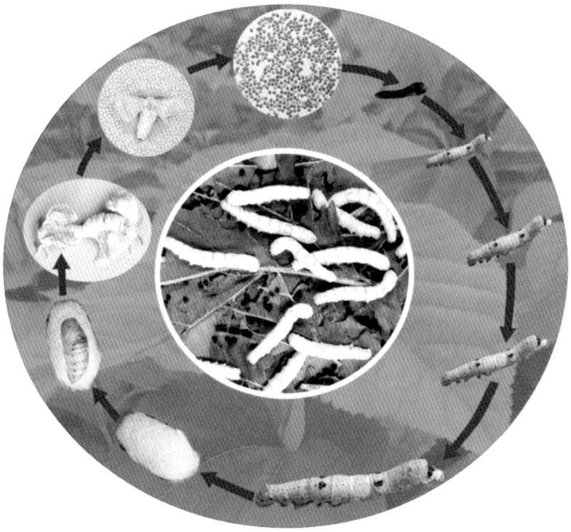

春蚕昨夜眠方起，闲了罗机。
共采柔枝，桑柘阴阴三月时。
背人佯笑移金钏，惆怅花期。
故故留迟，独自归来雨满衣。

——《采桑子》（宋）赵子发

## 拉丁文名称，种属名

家蚕（*Bombyx mori* L.）为鳞翅目蚕蛾科蚕蛾属昆虫，别名家桑蚕、桑蚕、蚕等。

## 形态特征

家蚕完成其生活史需要经过卵、幼虫、蛹、成虫四个不同的发育阶段。卵的形态特征为略微扁平的椭圆形，长、宽、厚分别约为1.3毫米、1.1毫米、0.5毫米，卵的两端形状分别是稍钝端和稍尖端，稍尖端有卵孔。幼虫有五龄，刚孵化的家蚕幼虫，全身生有黑褐色刚毛，身体黑色，体型较小，看起来与蚂蚁相似，因此此时的幼虫又称蚁蚕。随着蚁蚕长大，身体的颜色逐渐由黑色转为青白色。蛹，当家蚕吐丝完毕后，其身体会缩小，形状转为略呈纺锤形，乳白色，静止不动，后会逐渐转深褐色。成虫，蛹羽化后形成成虫，即为蚕蛾，蚕蛾全身覆有白色鳞片，复眼1对，触角栉状，口器已退化。

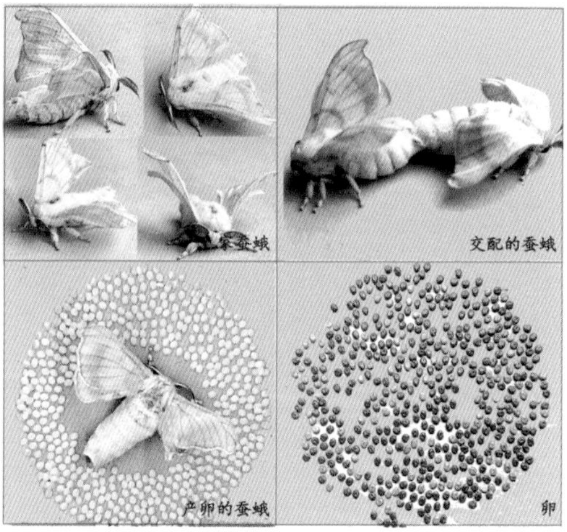


家蚕的蚕蛾及蚕卵（图片由西南大学张艳博士提供）

**习性，生长环境**

家蚕主要以桑叶为食，所以又称其为桑蚕。桑蚕吐出的作茧用的大量蚕丝是重要的蚕丝纺织品原料。我国家蚕分布较广，除西藏、青海外，其他各省市均有分布。

## 二、营养及成分

家蚕的5龄幼虫、蛹及蚕蛾常作为食材。蚕蛹富含蛋白质和多种氨基酸、脂肪以及一定量的碳水化合物和矿物质元素等。蚕蛹的干物质中蛋白质含量比较高，约为49%。蚕蛹中脂肪含量相对也较高，含量约为29.6%，蚕蛹脂肪酸中不饱和脂肪酸含量较高，占比约为79.9%，在不饱和脂肪酸中α–亚麻酸的含量最高，占比可高达72.8%，而α–亚麻酸具有降血脂、降血压和抑制肿瘤细胞的生长发育等多种生物活性。蚕蛹中还含有多种氨基酸，已测定出的有17种氨基酸，其中包含人体必需的7种氨基酸。蚕蛹中包含的人体必需氨基酸的含量比猪、羊肉、鸡蛋、牛奶中所含的必需氨基酸高出几倍，同时蚕蛹中必需氨基酸相互比例合宜，是加工生产氨基酸产品中较为理想的原料。此外蚕蛹中糖含量约为4.7%，甲壳素含量约为3.7%，矿物质元素含量约为2.2%。研究结果表明蚕蛹中甲壳素的含量远高于虾蟹壳中的含量，同时从蚕蛹中提取制备的壳聚糖的黏度和分子量均比虾、蟹壳提取的大。蚕蛹中矿物质元素种类较多，如含有钾、钠、钙、镁、铁、锰、锌、铜、磷、硒等矿物质元素。蚕蛹中还含有多种维生素，如麦角甾醇等。此外蚕蛹中还含有蚕蛹免疫肽（AP）。

## 三、食材功能

**性味** 味甘，性平。

**归经** 归脾、胃经。

功能

（1）改善记忆。蚕蛹油中的$\alpha$–亚麻酸具有改善记忆的作用。

（2）增强免疫力。蚕蛹多糖可增加细胞免疫和体液免疫功能。

（3）保护肝脏。蚕蛹油对肝损伤有明显保护作用，对脂肪肝有一定的防治作用。

（4）降血脂、降血糖、抗血栓。蚕蛹中的脂肪酸能够调节人体脂质代谢、降低血液黏度、改善血液流变性，从而具有降血脂、降血糖和抗血栓的作用。

## 四、烹饪与加工

葱姜炒蚕蛹

（1）材料：蚕蛹、植物油、葱、姜、蒜、盐。

（2）做法：锅中注水烧开，放入蚕蛹，大火烧开，捞出蚕蛹凉水冲洗数遍，控干水分。在锅中放入植物油，将其大火烧热，放入葱末、姜末、蒜末，中火炝出香味后，迅速倒入沥干水分的蚕蛹大火煸炒，煸炒至没有水分，加盐即可。

油炸家蚕蛹串

油炸家蚕蛹

（1）材料：家蚕蛹、葱、姜、料酒、生抽、盐、胡椒粉、五香粉、辣椒面、植物油。

（2）做法：取新鲜家蚕蛹若干，洗净后放入碗中，加葱、姜、料酒、生抽、少许盐，拌匀，腌制15分钟。起锅烧油，小火将油烧至五成热，下入腌制好的蛹，炸熟后捞出。另起新油，大火将油烧至八成热，下入熟蛹，炸至蛹表面呈金黄色后捞出，撒上胡椒粉、盐、五香粉和辣椒面调味，装盘或成串皆可。

### 复合发酵产品与蚕蛹食品

将蚕蛹与其他辅料一起发酵生产新型发酵产品，如蚕蛹与大米复合发酵生产保健饮料、蚕蛹酱油、蚕蛹辣酱、蚕蛹保健型酸奶。蚕蛹也可直接作为食品原料，制成蚕蛹罐头、蚕蛹挂面等。

## 五、食用注意

（1）脚气病人、对鱼虾过敏的人忌食蚕蛹。

（2）有犬咬史者慎食蚕蛹。

## 传说故事

### 蚕花娘娘的传说

相传很久以前，在太湖边住着一户人家。男人到很远的地方去做生意了，妻子已经去世，家里只剩下一个孤苦伶仃的女儿，喂养着一匹白马。女孩一人在家，非常寂寞，一心盼着父亲早日归来。可是盼了很久，父亲还是没有回来，女孩心里又急又烦。一日，女孩摸着白马的耳朵开玩笑地说：“马儿啊马儿，若是能让父亲马上回家，我就嫁给你。”白马闻言竟点了点头，仰天长啸一声，随即挣脱了缰绳，向外飞奔而去。没过几天，白马就驮着女孩的父亲回到了家中。此后，那白马一见到女孩就高兴地嘶鸣，同时跑到女孩身边久久不肯离开。女孩虽然也喜欢白马，但一想到人怎么能同马结婚呢？便又担忧起来，眼见着一天天消瘦下去。女孩的父亲发觉后，悄悄地盘问女儿，才知道女儿当初许过的承诺。父亲心中替女儿着想，于是趁女儿不在家时，一箭射死了白马，还把马皮剥下，晾在了院子里。女孩回到家中，见到晾着的马皮，知道出了事，连忙奔过去抚摸着马皮伤心地痛哭起来。忽然，马皮从竹竿上滑落下来，正好裹在姑娘身上，院子里顿时刮起了一阵旋风，马皮裹紧姑娘，顺着旋风打转，不一会儿就冲出了门外。等女孩的父亲赶去寻找时，早已不见踪影了。几天后，村民们在树林里发现了那个失踪的姑娘，雪白的马皮仍然紧紧地贴在她身上。她的头也变成了马头的模样，趴在树上扭动着身子，嘴里不停地吐出亮晶晶的细丝，把自己的身体缠绕起来。从此，这世上就多了一种生物，因为它总是用丝缠住自己，人们就称它为“蚕”（缠），又因为它是在树上丧生的，于是那棵树就被命名为“桑”（丧）。后来，人们尊奉她为“蚕神”，因其头的形状如马，又谓之“马头娘”，古书称之为“马头神”。再后来，因为有人认为马头神的样子不好看，就塑造了一个骑在马背上的姑娘的形象，这种塑像被后人放在庙里供奉，谓之“马鸣王菩萨”。江浙一带的蚕农都喜将蚕神称为“蚕花娘娘”。传说蚕花娘娘在世时最爱吃小汤圆，因而，每年蚕宝宝三眠后，蚕茧丰收在望之时，每户人家都要做上一碗。

# 柞蚕

野蚕食青桑，吐丝亦成茧。
无功及生人，何异偷饱暖。
我愿均尔丝，化为寒者衣。

——《野蚕》（唐）于濆

## 一、物种本源

### 拉丁文名称，种属名

柞蚕（*Antherea pernyi*）为鳞翅目大蚕蛾科柞蚕属柞蚕种。

### 形态特征

柞蚕卵形态特征与家蚕相似。柞蚕幼虫——蚁蚕，为黑色，其他龄期幼虫因品种不同身体颜色具有一定的差异。幼虫身体表面生有刚毛和多种突起，身体形状为粗的长桶形。柞蚕蛹形状为纺锤形，雌蛹大于雄蛹，蛹的颜色随着蛹化时间变长逐渐由浅褐色变为深褐色。柞蚕蛹羽化后变为成虫。柞蚕成虫：翅长50～65毫米，体长30～45毫米，身体颜色整体呈黄褐色，头部颜色为棕褐色，触角为双栉状，在前、后翅膀的中央各有1个眼状纹，眼状纹的周围有白色、黄色、红色、黑色等线条，腹部密被细毛，圆球形。

柞蚕的茧、蛹、蛾和卵（图片由沈阳农业大学刘彦群教授提供）

### 习性，生长环境

柞蚕生活史与家蚕相同，柞蚕在我国主要分布于黑龙江、吉林、辽宁、山东、贵州，陕西、河北、河南、安徽、四川、云南、江苏等地也有分布。

## 二、营养及成分

4龄和5龄的幼虫、柞蚕蛹和柞蚕蛾常用作食材。研究结果表明：柞蚕蛹中含有多种维生素，其中维生素$B_1$含量为1.1毫克/千克、维生素$B_2$含量为63.9毫克/千克、维生素E含量为53.4毫克/千克。柞蚕蛹中含有多种氨基酸，目前已检测出18种氨基酸，包括8种人体必需氨基酸。柞蚕蛹油中各种不饱和脂肪酸含量高达74%，因此柞蚕蛹油是健康的食用保健油类。每100克柞蚕蛹的主要营养成分见下表所列。

| | |
|---|---|
| 水分 | 75.2克 |
| 蛋白质 | 13.8克 |
| 脂肪 | 6.7克 |
| 钾 | 1.3克 |
| 粗纤维 | 1克 |
| 镁 | 0.4克 |
| 磷 | 0.2克 |
| 钠 | 0.06克 |
| 钙 | 0.02克 |
| 铁 | 0.01克 |
| 锌 | 14.2毫克 |
| 铜 | 1.9毫克 |
| 锰 | 0.9毫克 |
| 硒 | 0.0008毫克 |

## 三、食材功能

**性味** 味甘，性平。

**归经** 归肾、脾、肝经。

**功能**

柞蚕蛹具有抗氧化、抗疲劳、抑菌、降血压、降血脂、美容养颜等作用。

## 四、烹饪与加工

### 爆炒柞蚕蛹

（1）材料：柞蚕蛹、植物油、葱、姜、盐、白糖、料酒。

（2）做法：选择干净、卫生的柞蚕蛹用水洗净后沥干水分备用。锅中加入适量植物油，烧热后放入葱段和姜丝，翻炒出香味后将洗净的柞蚕蛹倒入锅内，添加适量的盐、白糖和料酒爆炒至熟即可。

### 核桃蒸柞蚕蛹

（1）材料：柞蚕蛹、核桃仁、姜、葱、白糖、盐、味精、料酒、橄榄油、陈醋。

（2）做法：选择干净、卫生的柞蚕蛹用水洗净后沥干水分备用。用水浸泡核桃仁将其泡发，将柞蚕蛹与核桃仁按1：2的重量比例放入容器内，放入姜丝和葱末，浇上调制的汤汁（用白糖、盐、味精、料酒和橄榄油混合而成），放入蒸笼内蒸熟后取出加入陈醋即可食用。

### 卤汁柞蚕蛹

（1）材料：柞蚕蛹、味精、料酒及各种佐料。

（2）做法：选择干净、卫生的柞蚕蛹用水洗净，放入热水焯一下，捞出后加味精、料酒拌匀备用；用各种佐料调制卤汁，卤汁烧沸后将柞蚕蛹倒入，大火烧开后转文火加热，等到柞蚕蛹烧熟后再烧5分钟停火即可。

烤柞蚕蛾

烤柞蚕蛾

（1）材料：柞蚕蛾、盐、糖、五香粉、胡椒粉、大料、花椒、辣椒油。

（2）做法：将柞蚕蛾清洗干净，锅中倒入适量清水，加入盐、糖、五香粉、胡椒粉、大料、花椒（可根据自己口味选择调料），将柞蚕蛾倒进去煮10分钟。将柞蚕蛾捞出沥干水分后放入烤盘中，表面刷上辣椒油，撒上胡椒粉，再放入烤箱烤上3～5分钟就可以吃了。

## 五、食用注意

（1）糖尿病患者慎食。

（2）脚气患者慎食。

（3）过敏体质者慎食。

（4）脾胃虚寒、消化能力比较差者慎食。

吃柞蚕蛹对身体有一定的好处与功效，但是不要过多食用，否则容易出现上火的症状。

## 传说故事

### 柞蚕传说

传说唐朝一位皇帝登基庆典时，从天上掉下来一个绿色的蚕，被认为是上天赐给的吉祥神物，皇帝封它为“天蚕”。天蚕丝一直被皇帝封为宫廷御用品。古代帝王把天蚕丝制成品作为十分珍贵的“国礼”赠送友邦君主和使节，金庸小说中把天蚕丝描绘得神妙无比。这种传说中的天蚕，即柞蚕。

# 蓖麻蚕

粉色全无饥色加，岂知人世有荣华。
年年道我蚕辛苦，底事浑身着苎麻。

——《蚕妇》（唐）杜荀鹤

## 一、物种本源

### 拉丁文名称，种属名

蓖麻蚕（*Philosamia cynthia ricini*）为鳞翅目大蚕蛾科蓖麻蚕属樗蚕的一亚种，又称木薯蚕。

### 形态特征

蓖麻蚕一个世代包含卵、幼虫、蛹、成虫4个发育阶段。蓖麻蚕卵的颜色为淡黄色或淡绿色，形状为椭圆形。蓖麻蚕幼虫体色为白色、黄色或天蓝色，有黑斑或无斑，通常雌蚕比雄蚕大。蛹：初期的蛹为淡黄色，逐渐变为深褐色。成虫：蛹羽化后的蓖麻蚕蛾即为成虫，蓖麻蚕蛾触角较短、羽状，在其基部有白毛；蓖麻蚕的头部、触角和胸部是褐色，翅膀是棕褐色，前翅翅顶部向外方突出，在其突出部分有1个椭圆形的黑褐色的斑纹，翅膀中部有半透明的月牙形大白斑，纵贯前后翅面上





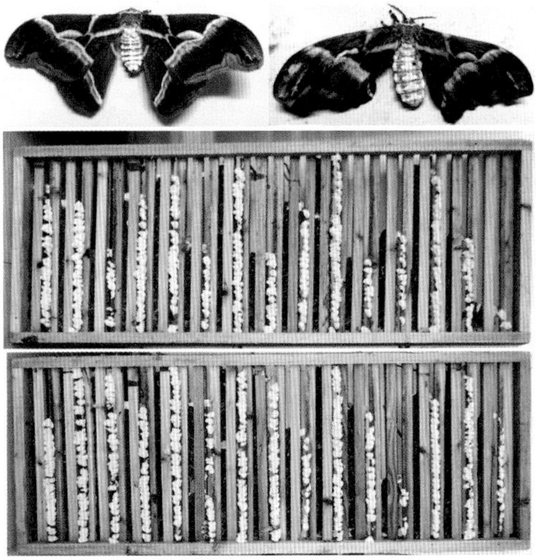

蓖麻蚕的蛾和卵

（图片由中国农科院蚕业研究所钱荷英研究员提供）

有1条波状纹。蓖麻蚕的茧形状为两端尖细，呈椭子形，颜色为白色。

**习性，生长环境**

蓖麻蚕因其主要以蓖麻叶为食物而得名。蓖麻蚕也食用一些其他植物的叶片，如木薯叶、臭椿叶和山乌桕叶等，因此蓖麻蚕是一种适应性很强的多食性蚕。蓖麻蚕原产于印度，于20世纪30年代末前后引入中国台湾高雄，随后引入我国东北、华东、华南等地。蓖麻蚕是中国产丝的重要原料和蚕种之一。



## | 二、营养及成分 |

蓖麻蚕蛹和蛾常作为食材。5龄幼虫的肠道因含有蓖麻或臭椿等，须把肠道食物残渣去除干净，才可加工后食用。蓖麻蚕蛹含有多种营养活性成分。蓖麻蚕蛹的干物质中含有蛋白质的量为50%~55%，含有脂肪的量为26%~28%，糖7.4%，其营养成分可与牛奶、鸡蛋相媲美。蓖麻蚕蛹中含有多种氨基酸，其中包含有人体必需的7种氨基酸，必需氨基酸的量占氨基酸总量的46%~49%。蓖麻蚕蛹与桑蚕蛹中氨基酸种类是一致的，谷氨酸、天门冬氨酸的含量最多，其次为酪氨酸、赖氨酸、亮氨酸、丙氨酸，含量最少的为蛋氨酸和胱氨酸。蓖麻蚕中含有多种脂肪酸，其中以油酸、亚油酸、亚麻酸为主，含少量的C14酸。蓖麻蚕蛹中富含钾、钠、钙、镁、磷、铁等矿物质成分外，尚含有铜、锌、锰、硒等微量元素，而对人体有害的铅则含量极微。蓖麻蚕蛹含有多种维生素，如核黄素（含量为4.2毫克/千克）、钴胺素（含量为6.4毫克/千克）、视黄醇（含量为9.5毫克/千克）等。

## | 三、食材功能 |

**性味** 味甘，性平。

### 功能

（1）蓖麻蚕入药，可祛风除湿，止痛。

（2）蓖麻蚕蛹含有多种营养活性成分，是一种高蛋白、低脂肪的健康食品，其现代营养学功能同家蚕蛹。

## 四、烹饪与加工

### 爆炒蓖麻蚕蛹

（1）材料：蓖麻蚕蛹、植物油、姜、蒜、胡椒粉、酱油、盐、葱。

（2）做法：蓖麻蚕蛹洗净后热水下锅，烧开后捞起沥干水分。锅烧热后（不放油），将蓖麻蚕蛹入锅煸至表面无水后，再煸炒片刻，盛出备用。锅中放植物油烧热，下姜末、蒜末爆香，放入蓖麻蚕蛹，大火翻炒，加胡椒粉、酱油、盐调味，下葱花炒匀即可出锅。

### 油炸蓖麻蚕蛹

（1）材料：蓖麻蚕蛹、葱、姜、八角、料酒、盐、胡椒粉、五香粉、辣椒面、植物油。

（2）做法：取新鲜蓖麻蚕蛹若干，清水洗净备用。起锅烧水，锅中加入葱、姜、八角、料酒、盐少许，水开后下入蓖麻蚕蛹，大火煮3分钟，捞出备用。水煮已使其内部凝固，可防止油炸时爆浆开裂。起锅烧油，小火将油烧至五成热，下入煮好的蓖麻蚕蛹，炸至外表酥脆，呈黄褐色即可捞出。撒上胡椒粉、盐、五香粉和辣椒面调味，装盘或成串皆可。

油炸蓖麻蚕蛹

**五香蓖麻蚕蛹**

（1）材料：蓖麻蚕蛹、植物油、葱、姜、蒜、酱油、料酒、五香粉、盐。

（2）做法：取蓖麻蚕蛹，洗净，热水下锅，煮5分钟左右，捞出控水。锅内放入植物油，大火烧热，放入葱末、姜末、蒜末爆香后，放入蓖麻蚕蛹快速翻炒。放入酱油、料酒，翻炒片刻至汤汁黏稠。放入适量的五香粉、盐，继续翻炒至汤汁收干，蓖麻蚕蛹的水分消失并爆开时出锅即可。

## 五、食用注意

（1）孕妇及便滑者忌食蓖麻蚕蛹。

（2）脾胃薄弱、大肠不固之人，慎食蓖麻蚕蛹。

## 传说故事

### 神虫蓖麻蚕

蓖麻蚕最早生活在印度，1940年引入中国辽宁、吉林等地。蓖麻蚕体型巨大、食量惊人，这些家伙几乎每时每刻都在不断地进食。它们喜欢吃蓖麻叶，也吃桑叶、柞树叶等其他植物的叶子。在古印度流传着这样一个传说：一个村子里很多人得了一种病，久治不愈，致使整个村子一贫如洗。一日天降一批白虫，人们抓其煮水充饥，没想到，身体很快恢复健康。人们为了纪念这种白色的小虫，称其为神虫。由于此虫食蓖麻叶，又称“蓖麻蚕”。

# 蜜蜂与蜂蜜

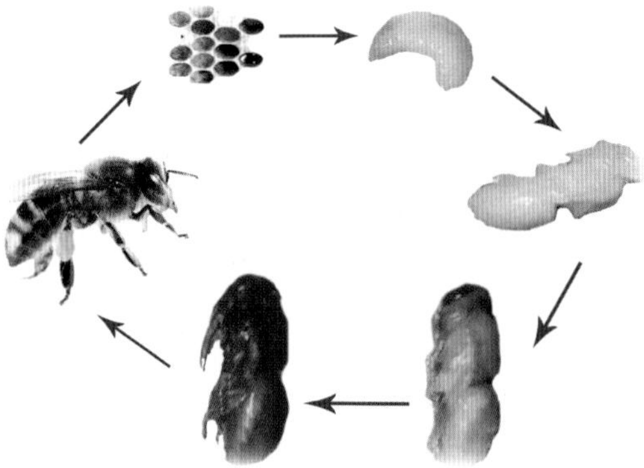

不论平地与山尖，无限风光尽被占。
采得百花成蜜后，为谁辛苦为谁甜。

——《蜂》（唐）罗隐

## 一、物种本源

### 拉丁文名称，种属名

中华蜜蜂（*Apis cerana*），属于膜翅目蜜蜂科蜜蜂属群居性昆虫。蜂蜜是蜜蜂通过从花中采得的花粉和花蜜等在蜂巢中酿制而成的一种糖类物质。

### 形态特征

蜜蜂体长8~20毫米，体表密生绒毛，体色为黄褐色或黑褐色；头与胸宽度相似；腰部较细；膝状触角，椭圆形的复眼，嚼吸式口器，后足为携粉足；两对翅为膜质，前翅大，后翅小；近椭圆形的腹部密生的体毛比胸部少，腹部末端有螯针。蜜蜂属于完全变态昆虫，一生要经过卵、幼虫、蛹和成虫4个发育阶段。蜂蜜为浓稠的透明或半透明、带有光泽、白色至淡黄色或橘黄色的糖，其颜色的深浅与矿物质含量、加工工艺和贮存时间有关。矿物质含量高，贮存时间长颜色深，加工不当颜色也会加深。如蜂蜜贮存时间较长或贮存在低温条件下，则有部分蜂蜜呈

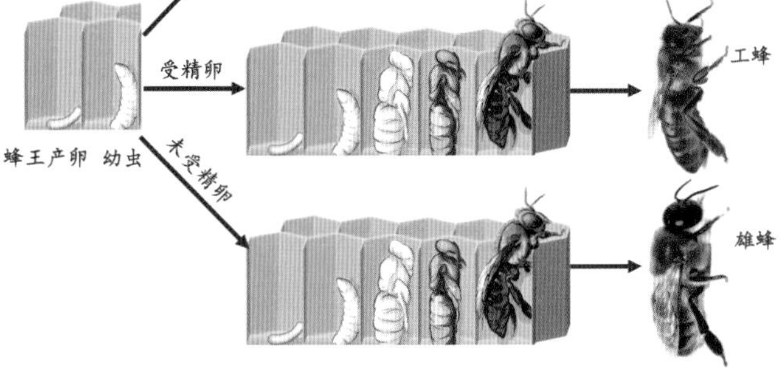

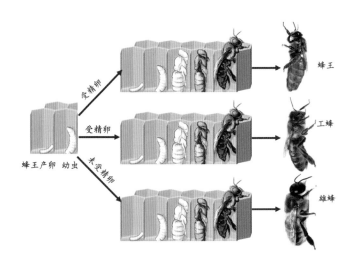


蜜蜂的分化

蜜蜂的成虫

（图片由中国农科院蜜蜂研究所陈超博士提供）

结晶态，部分呈液态。蜂蜜结晶是其所含葡萄糖易结晶，从蜂蜜中析出的现象。蜜香与花香相同，其香气与蜂蜜中所含的酚类、酯类、酸类等有关，主要由花蜜中的挥发油的香气而决定。

**习性，生长环境**

蜜蜂种类和数量均较多，全世界大约有3万种，其中约有一半分布于欧洲和亚洲地区。蜜蜂在热带和亚热带分布的种类和数量较丰富，向北会逐渐减少。我国养殖蜜蜂种类主要是意大利蜜蜂（*Apis mellifera ligustica* Spin.）和中华蜜蜂（*Apis cerana*）两种。意大利蜜蜂原产于地中海中部的亚平宁半岛上，属黄色蜂种，中华蜜蜂又称中华蜂、中蜂、土蜂，是东方蜜蜂的一个亚种，属中国独有蜜蜂品种。我国食用蜜蜂幼虫和蛹历史悠久。公元前3世纪的《礼记·内则》中，就有蜂蛹为帝王和贵族食用珍品的记载。《尔雅》中有吃蜂的记述："土蜂，啖其子，木蜂，亦啖其子。"

## 二、营养及成分

蜜蜂的蜂胎、蜂蛹和蜂蜜是人们常吃的食材。蜜蜂幼虫又称蜂胎，其蛋白质含量41%～55.8%，糖含量12%～24%，脂肪含量7.5%～24%。含有18种氨基酸，其中包含有人体必需的8种氨基酸，如天冬氨酸、谷氨酸、丝氨酸、蛋氨酸等，约占总氨基酸含量的40%。蜂胎中还含有多种矿物质元素（钙、铁、钠、镁、锌、磷、钾等）和维生素（维生素A、维生素B和维生素C等）。蜂蛹包括工蜂蛹和雄蜂蛹。蜂蛹中含有丰富的营养成分，蛋白质含量41.5%～63.1%，脂肪含量15.7%～26.1%，碳水化合物3.7%～11.6%，此外，还含有多种矿物质和维生素等，尤其富含维生素A和维生素D，其含量远高于大多数食品的含量，其中维生素D的含量是鱼肝油中含量的10倍以上。由于蜂胎具有较高的蛋白质，脂肪含量较低，而且还含有丰富的维生素和矿物质元素，因此是珍贵的动物蛋白来源。

蜂蜜中水分含量约为18%，其主要含有的成分是果糖和葡萄糖，其含量约为70%，含有少量蔗糖（含量低于8%），麦芽糖、其他非糖物质（含氮化合物、挥发油、色素、蜡、天然香料、无机盐、有机酸等）含量约为5%。蜂蜜含有多种维生素，如维生素A、$B_1$、$B_2$、$B_3$、$B_5$、$B_6$、C、D、K，叶酸，生物素，胆碱等。在含氮化合物中主要含有蛋白质、胨、氨基酸以及一些酶类（淀粉酶、氧化酶、还原酶、转化酶等）。矿物质元素主要有镁、钙、钾、钠、硫、磷以及微量元素铁、铜、锰、镍等。有机酸中含有柠檬酸、苹果酸、琥珀酸、甲酸、乙酸等。蜂蜜因其蜜蜂种类、来源、生活环境等的不同，其营养成分和化学组成有一定的差异。

## 三、食材功能

**性味** 味甘，性平。

**归经** 蜜蜂归肺、脾、大肠、心、胃经。蜂蜜归脾、肺、大肠经。

**功能**

（1）蜂胎具有调节中枢神经系统、提高机体机能、增强记忆力、抗衰老、美容养颜等保健用途，对神经官能症、白细胞减少、风湿性关节炎、肝炎等疾病有辅助治疗作用。

（2）蜂蜜具有增强人体免疫力、保肝护脏、降血糖和血压、抗菌消炎、抗疲劳、抗氧化、润肺止咳、改善睡眠、改善心肌功能、预防心血管疾病和美容护肤等功能。

## 四、烹饪与加工

### 油炸蜂蛹

（1）材料：蜂蛹、植物油、盐。

（2）做法：首先，把蜂蛹洗净，并且沥干其中的水分。其次，大火把锅烧热后，倒入适量的植物油，烧到有八成热的时候，放入蜂蛹。最后，用小火将蜂蛹炸至金黄色以后捞起，加盐调味即可食用。

### 蜂王胎片

将冷冻后的蜂王幼虫解冻进行打磨制浆、对浆液进行冷冻干燥后粉碎、按配方添加相应的辅料搅拌均匀后制片。

### 蜜蜂幼虫冻干粉

将冷冻后的幼虫解冻、打磨成匀浆、对浆液进行冷冻干燥后磨成细粉，装罐密封。

### 蜜蜂幼虫罐头

选择干净卫生的原料，先将其用水漂洗干净，后将其放入锅中用盐水煮沸后捞出脱水、添加调料、装罐密封。

### 蜂蜜

蜂蜜可用温开水（低于60℃）冲服，水温过高会破坏蜂蜜的营养成分。蜂蜜也可掺入牛奶、豆浆或粥中食用或涂抹在面包、馒头上食用，亦可与果汁混合食用，或泡制一些食品或中草药等。

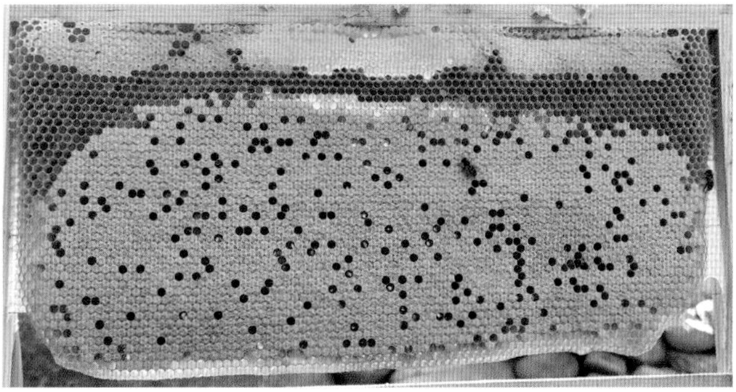

蜂　蜜

（图片由中国农科院蜜蜂研究所陈超博士提供）

## 五、食用注意

蜜蜂食用注意：

（1）过敏体质者应少食或禁食蜜蜂。

（2）食用蜜蜂以幼虫为佳，老熟蜜蜂不建议食用。

蜂蜜食用注意：

（1）食用蜂蜜时不宜用沸水冲饮，应用低于60℃的温开水冲饮。

（2）不宜食用生蜂蜜（即从蜂箱中直接舀取、未经消毒的蜜），防止微生物中毒。

（3）糖尿病患者少服或不服蜂蜜。

## 传说故事

### 蜂蜜的神话传说

埃及人觉得，蜂蜜诞生于太阳神的泪水。从金字塔中发现的象形文字所知，蜂蜜在古埃及人生活起居中具有关键功效。古埃及人将蜂蜜广泛运用于医药学、特色美食及其美容美体方面，特别是用以医治创口方面。古埃及人也用蜂蜜制成的曲奇饼干祭拜他们的神。

古希腊人则觉得，蜂蜜是狄俄尼索斯赏赐人们的。传说诸神之父宙斯在伊达山出生，只服用山间生产的蜂蜜和山羊女王的奶水，他因此获得了“蜜人”的头衔，意指像蜂蜜一样的甜美。之后，阿波罗的孩子阿里斯泰俄斯教会了人们养蜜蜂术。和古代埃及相同，蜂蜜在古希腊丧葬习俗中起着尤为重要的作用。除此之外，蜂蜜还是奥林匹斯诸神的食材其一。

# 蜂蛹

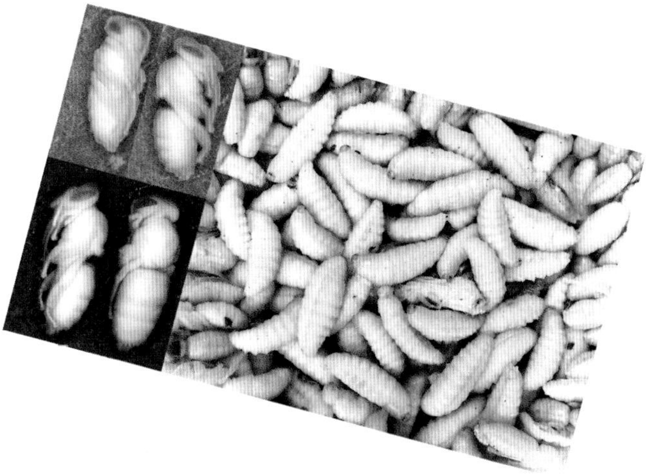

蜂儿虽小物，各自有君臣。
夺食已非义，焚巢兹不仁。
杀身缘底罪，作俑定何人。
不惮高论直，宁辞远送珍。
解包颜有喜，入坐齿生津。
海错休前列，山肴且不陈。
其谁心恻怛，为汝鼻酸辛。
愿下孩虫令，恩倾雨露春。

——《食蜂儿有感》
（宋）曾几

## 一、物种本源

### 拉丁文名称，种属名

蜂卵孵化后的幼虫经过生长发育进入蛹期，这时的躯体即为峰蛹。

### 形态特征

常见的可食用的主要为蜜蜂科、胡蜂科和马蜂科的蜂蛹，这些蜂属于昆虫纲膜翅目的昆虫。蜂蛹在形态上已经具备了成蜂的某些特征，如头、胸、腹、足，且颜色呈乳白色并随发育逐步加深。

### 习性，生长环境

我国可食用的蜂蛹主要分布在湘西吉首、张家界等地。采摘期应掌握在高龄幼虫至变蛹期最宜。

## 二、营养及成分

蜂蛹干物质中大约含蛋白质40%、脂肪22%、碳水化合物20%、灰分5%、黄酮类化合物0.045%。经测定，蜂蛹含有18种氨基酸，多种脂肪酸（棕榈酸、硬脂酸、肉豆蔻酸、油酸和亚麻酸等），多种矿物质元素，是一种优质的天然维生素D源。每100克蜂蛹主要营养成分见下表所列。

| | |
|---|---|
| 氨基酸 | 44克 |
| 人体必需氨基酸 | 17克 |

## 三、食材功能

**性味** 味甘，性平。

**归经** 归肝、肺经。

**功能**

（1）提高免疫力。蜂蛹中的几丁多糖具有促进体液免疫和细胞免疫的作用；蜂蛹中含有的微量元素硒、铁、锰等也具有免疫调节的功效，因此食用蜂蛹能够提高人体免疫力。

（2）抗氧化的作用。蜂蛹中含有的多糖、维生素、抗氧化酶和硒、锌、锰等微量元素在人体内具有一定的抗氧化作用，起到延缓衰老的功效。

（3）抗疲劳的作用。蜂蛹含有丰富的营养物质，如蛋白质、氨基酸、脂肪酸、微量元素和多糖等，这些营养成分具有增强人体机能，有助于人体抗疲劳。

（4）蜂蛹具有增加食欲，改善睡眠的作用，对抑制妇女更年期潮热症等具有一定的功效。





## 四、烹饪与加工

**油炸蜂蛹**

（1）材料：蜂蛹、植物油、盐。

（2）做法：首先从蜂巢中取出蜂蛹，清除杂质，用水洗净、沥干水分。锅中植物油烧至七八成热后倒入洗净的蜂蛹，用文火将其炸至金黄色，加入少许盐，装盘即可食

油炸蜂蛹

用。油炸蜂蛹色泽金黄，香气浓郁，外脆里嫩，味道鲜美，属高蛋白低脂肪美食。



### 清蒸蜂蛹

（1）材料：蜂蛹、盐、花椒粉、味精。

（2）做法：选用新鲜的蜂蛹将其用水洗净，加入适量的盐，装在碗内置于锅内蒸熟，撒上适量的花椒粉和味精拌匀即可食用。

### 蜂蛹酱

（1）材料：蜂蛹、辣椒、盐、花椒粉、香蓼草。

（2）做法：选用新鲜蜂蛹，洗净沥干，挤捏取汁后，再用刀将其剁碎，加入适量的辣椒末、盐、花椒粉和香蓼草等佐料，拌匀即可食用。

### 蜂蛹烤串

（1）材料：蜂蛹、葱、姜、料酒、生抽、孜然、花椒粉、盐、辣椒面、五香粉、食用油。

（2）做法：将新鲜蜂蛹从蜂房中取出，淡盐水冲洗后，沥干水分置于碗中。加入葱、姜、料酒、生抽、孜然、花椒粉、盐，腌制10分钟后，串成小串，双面刷油并置于烤盘上。烤箱预热后，放入烤盘及蜂蛹串，220℃烤制10分钟即可取出，撒上辣椒面和五香粉口味更佳。

蜂蛹烤串

### 蜂蛹粉

将蜂蛹洗净沥干水分后研磨成匀浆，将匀浆进行过滤，滤液进行真空冷冻干燥，将冻干的蛹块研磨成粉即为蜂蛹粉。用防潮容器按规格装罐密封即可。

## 五、食用注意

（1）蜂蛹虽然功效作用众多，但是不可以多吃。

（2）食用蜂蛹，一般都是选择新鲜的或是活的，死亡时间太长的不新鲜的蜂蛹，会被细菌污染或产生大量的组胺，食用后会引起中毒。

（3）过敏体质者不宜食用蜂蛹。

（4）食用蜂蛹时要使用正确的食用加工方法，去除有毒部分并加工至熟后才可食用。

## 延伸阅读

### 蜂趣

蜜蜂怎样知道哪些地方花儿多呢？哦，那是“侦察兵”告诉它们的。原来，蜜蜂相互间都会传递消息。蜜蜂发出的嗡嗡声是语言吗？不是，因为它们是“聋子”，所以听不出任何声音来。

那么，蜜蜂间是怎样来通风报信的呢？科学家发现：蜜蜂是用“舞蹈”作信号的，指示花儿在何方，好让同伴们一同去采蜜。蜜蜂能够用各种不同形式的“舞蹈”，告诉它们花儿离开蜂房有多远。

一只蜜蜂每次采蜜归来时，总是在蜂房上空欢乐地飞舞不停。有时，它顺着一个方向，或者倒转一个方向兜圈儿；有时，它一会儿左、一会儿右地兜半个圈儿。蜜蜂们从“舞蹈”的不同形式，飞行圈数多少，就会知道花儿离开蜂房有几十米、几百米或几千米远。

路程是知道了，可是该从哪个方向飞去呢？科学家发现，蜜蜂是靠太阳来辨别方向的。在一天中，蜜蜂舞蹈的方向是随时间不同而变化的。蜜蜂是依靠蜂房、采蜜地点和太阳三个点来定方位的。蜂房是三角形的顶点，而顶点角的大小是由两条线决定的：一条是从蜂房到太阳，另一条是从蜂房到采蜜地点的直线，这两条线所夹的角叫“太阳角”，是蜜蜂的“方向盘”，蜜蜂向左先飞半个小圈，又倒转过来向右再飞半个小圈，飞行路线就像个“∞”。可是，蜜蜂有时从上往下飞，有时则从下朝上飞，而飞行直线同地面垂直线的夹角，相等于太阳角。蜜蜂正是从这种角度的大小来确定采蜜地点的方向的。

如果蜜蜂跳“∞”舞时，头朝上直飞，太阳角是零度，意思是说：朝太阳方向飞去，就是采蜜方向。

如果蜜蜂跳“∞”舞时，头朝地直飞，太阳角是180°，意思是说：背太阳方向飞去，就是采蜜地方。

# 胡蜂

胡蜂采花花气薄，黄鸟啄花花蕊落。
林风吹花花片乱，池水浸花花色恶。
少年惜花会花意，晴张青帏雨油幕。
劝君直须为花饮，明日春归空晚萼。

——《惜花》（宋）文同

## 一、物种本源

### 拉丁文名称，种属名

胡蜂（*Vespidae*），又名马蜂、黄蜂、草蜂等，属膜翅目胡蜂科。

### 形态特征

胡蜂生活史需经过卵、幼虫、蛹、成虫4个阶段。卵呈椭圆形、白色、光滑，孵化时卵端部形成头部，基部形成腹部。幼虫：白色，无足，体粗胖，梭形。蛹：黄白色，随着老熟程度颜色逐渐加深，主要器官头、胸、腹均明显可见，蛹期不食用食物。成虫：蛹在蜂室内羽化后即形成成蜂。

### 习性，生长环境

胡蜂成虫体色乌黑发亮，有黄条纹和成对的斑点，但触角、翅和跗节为橘黄色。体长16～27毫米。胡蜂分布广泛，世界各地均有分布。我国南方山区的丛林中分布较多。胡蜂种类繁多、飞翔迅速，采用似纸浆般的木浆造巢。胡蜂属于杂食性昆虫，可食用动物性或植物性食物。胡蜂体型较大，毒性也较大，人体受到胡蜂伤害后会出现过敏和毒性反应，严重者致人死亡。

胡蜂的蛹

## 二、营养及成分

胡蜂的幼虫和蛹可供人类食用。其营养价值比较丰富，含有较高的蛋白质、氨基酸、脂肪以及微量元素等。研究表明，胡蜂幼虫和蛹干样中，粗蛋白质含量为38%～71.1%，氨基酸含量为42.9%～81.3%；其含有16种氨基酸，包含7种人体必需氨基酸，占总氨基酸含量的34%～42%。此外还含有脂肪酸和矿物质元素。胡蜂成虫氨基酸含量高于幼虫和蛹，但成虫口感较差，其食用价值远不如幼虫和蛹，并且成虫具有蜂毒，因此食用时须慎重。

## 三、食材功能

**性味** 味甘、辛，性温。

**归经** 归肺、脾、大肠经。

**功能**

（1）《本草纲目》中记载：胡蜂。主治：风头，除蛊毒，补虚羸伤中，久服令人光泽，好颜色，不老，轻身益气。治心腹痛，面目黄，大小儿五虫从口中吐出者，主丹毒，风疹，腹内留热，利大小便涩，去浮血，下乳汁，妇人带下病，大风疠疾。

（2）胡蜂幼虫、蛹，有定痛、驱虫、消肿、解毒功效，对惊痫、风痹、乳痈、牙痛、顽癣、风湿性关节炎以及急、慢性风湿痛等症有缓解和助康复效果。

（3）胡蜂幼虫、蛹，有抗菌、消炎、抗病毒等功效，对口腔疾患、皮肤病、耳鼻咽喉病、妇科疾病、胃炎、高血压、心血管疾病等有食用辅助治疗功效。能够提高人体免疫力，增强体质；可以治疗颈椎病或者是风湿病；有美容养颜、降低血脂、抗血小板聚集等作用。

## 四、烹饪与加工

**辣炒胡蜂蛹**

（1）材料：花椒、胡蜂蛹、姜、蒜、青椒、红椒、香葱、植物油、盐。

（2）做法：锅中放植物油炸香花椒后滤出。下入胡蜂蛹干煸一会儿。加入姜末、蒜末炒香后，加入青椒、红椒、香葱段同炒。起锅前加盐即可。

### 胡蜂蛹烤串

（1）材料：胡蜂蛹、葱、姜、料酒、孜然、花椒粉、辣椒面、五香粉、盐、烧烤汁、植物油。

（2）做法：将胡蜂蛹用淡盐水冲洗干净，放入碗中。加入葱、姜、料酒、孜然、花椒粉、盐，拌匀，腌制10分钟，并串成烤串，用烧烤刷在烤串表面刷油少许。炉子生火，放上串好的胡蜂蛹，用扇子煽火烧烤，不断翻面并刷上烧烤汁，直至胡蜂蛹表面焦脆。根据个人口味撒上辣椒面、五香粉、孜然粉等调味料，即可食用。烧烤时注意不要生烟，否则会严重影响口味。

胡蜂蛹烤串

### 油炸胡蜂蛹

（1）材料：胡蜂蛹、植物油、椒盐、辣椒面。

（2）做法：从蜂巢中取出胡蜂蛹，清水洗净晾干，热锅将植物油烧热，干炸至金黄，控油出锅，蘸取椒盐或辣椒面食用，口感酥脆，回味清香。

### 上汤普洱胡蜂蛹

（1）材料：胡蜂蛹、盐、味精、蛋清、豆粉、料酒、高汤、普洱茶。

（2）做法：胡蜂蛹洗净后放碗内，加入盐、味精、蛋清、豆粉、料酒码味上浆，锅置火上放入高汤烧沸，下胡蜂蛹，大火煮沸。打去浮沫，加入普洱茶，小火煨5分钟后加盐调味即可出锅。

### 胡蜂酒

取鲜胡蜂100克，加白酒1 000毫升，浸泡15天，滤过即得。口服，1次15~25毫升，每日2次。

## 五、食用注意

（1）过敏体质者少食或不食用胡蜂蛹。

（2）胡蜂酒不能过量饮用，饮用过量会导致过敏或中毒。

## 延伸阅读

### 胡蜂与蜜蜂的争吵

一天，蜜蜂们在花丛中欢快地跳着舞，胡蜂见后，非常嫉妒，飞过来不怀好意地嘲弄道：“哥们儿，瞧你们多有本事，就凭这两下扭屁股舞儿，不知博得了多少人的欢心。歌唱家为你们引吭高歌，诗人也对你们格外奉承，你们真是出尽了风头哩！”蜜蜂听了，和蔼地说：“胡蜂大哥，你误会了，我们跳舞并非表演给谁看的，这是我们蜜蜂内部的联络信号，暗示同伴我们已经找到了蜜源，通知大家前去采蜜。”“得了吧，我与你们长得不相上下，只不过不会搔首弄姿，因而老是受人歧视，时不时还会有人捅掉我们的老窝。可你们，吃甜的，喝香的，还专门有保姆侍候你们。人们宠爱你们，甚至连你们呕吐出来的东西都成了什么高级品。”胡蜂不服气地发着牢骚。他们的谈话，恰巧被养蜂人听到了。他哈哈一笑，对胡蜂说：“胡蜂啊，你弄错了，不是因为我们喜欢蜜蜂就说他们的好话，而是因为他们为人类造福，人类才器重他们。”“你是蜜蜂的保姆，当然要帮他们说话喽。”胡蜂不满地说。“那好吧。”养蜂人说着从蜂箱中取了一小团东西，说：“你尝尝这个。”胡蜂很不情愿地尝了尝，不解地问：“这是什么东西？好甜。”“这就是蜜蜂采来的花粉所酿成的蜂蜜，也就是你们所谓的呕吐出来的东西。”养蜂人爽朗地说：“蜜蜂不但能酿蜜，他们的咽腺还能吐出一种乳糜，我们称为蜂王浆。蜂王浆含有丰富的蛋白质、葡萄糖、矿物质、维生素等，是一种高级滋补品。”“是吗？”“不仅如此，蜜蜂还会制造蜂蜡、蜂胶、蜂毒，这些都是医药或化工行业的重要原料。另外，蜜蜂在花丛中穿梭来往，还充当了百分之九十五的虫媒花的红娘，为它们穿针引线，传授花粉。蜜蜂堪称动物世界的多面手，可你们胡蜂，能干哪样呢？大概只会从背后冷不丁地蜇人吧。”养蜂人一番话，说得胡蜂哑口无言，面红耳赤，悄悄地溜走了，再也不敢来嘲弄蜜蜂了。

# 黑蚂蚁

我生天地间，一蚁寄大磨。
区区欲右行，不救风轮左。
虽云走仁义，未免违寒饿。
剑米有危炊，针毡无稳坐。
岂无佳山水，借眼风雨过。
归田不待老，勇决凡几个。
幸兹废弃余，疲马解鞍驮。
全家占江驿，绝境天为破。
饥贫相乘除，未见可吊贺。
淡然无忧乐，苦语不成些。

——《迁居临皋亭》

（宋）苏轼

## 一、物种本源

### 拉丁文名称，种属名

黑蚂蚁（*Polyrhachis vicina* Roger）为膜翅目蚁科多刺蚁属群栖的社会性昆虫，又叫拟黑多刺蚁、双齿多刺蚁。

### 形态特征

黑蚂蚁的雌蚁体型比雄蚁大，二者都有翅膀，触角细长。幼虫体色为黄白色，没有足，头部和胸部较细小，腹部比较宽；蛹为白色。工蚁，体色为黑色，体型大小不同，一般体长范围在5.5~7毫米。工蚁没有单眼，在工蚁的前胸、胸腹节和腹柄节背面各着生有两个非常明显的类似刺的突起物。

### 习性，生长环境

黑蚂蚁是营群体生活，常筑巢于地下。黑蚂蚁分布广泛，在我国主要分布于云南、浙江、福建、湖南、广东、台湾和安徽等地。

## 二、营养及成分

黑蚂蚁含42%~67%的蛋白质，脂肪12%以上，糖2.1%，28种游离氨基酸，其中包含人类必需的8种氨基酸（甲硫氨酸、苯丙氨酸、异亮氨酸、赖氨酸、色氨酸、亮氨酸、苏氨酸、缬氨酸），这些氨基酸人体不能够自身合成，必须要从外界食物中摄取，所以把它们称为人体必需氨基酸。黑蚂蚁含有多种脂肪酸，其中油酸含量最高，含量约为62.4%，其次为棕榈酸，含量为21.1%左右，棕榈油含量也较高，约为11%，其他的脂肪酸含量均较低，如硬脂酸含量约为2.3%，亚油酸含量为1.4%左右，亚麻酸含量约为1.2%，豆蔻酸含量仅为0.5%。在这些脂肪酸中亚油酸和亚麻酸这两种脂肪酸为人体必需脂肪酸。黑蚂蚁含有丰富的维生素$B_1$、$B_2$、$B_{12}$、C、D、E等。黑蚂蚁还含有丰富的矿物质元素，如磷、锰、硒、铁、钙、锌等20多种。在这些矿物质元素中，铁、锰、锌这3种元素的含量比枸杞和黄豆中的含量还高很多倍。研究表明，黑蚂蚁铁的含量约为430.7毫克/千克，锰的含量约为688.1毫克/千克，被誉为“生命火花”锌的含量达到了336.8毫克/千克。此外，黑蚂蚁还含有多种酶和辅酶，及多种人工无法合成的草体蚁醛、白细胞介素–2等多种生物活性高的物质。

## 三、食材功能

**性味** 味咸、酸，性平。

**归经** 归肝、肾经。

**功能**

（1）增强人体免疫力。黑蚂蚁含有丰富的氨基酸、维生素以及微量元素和酶等多种生物活性物质，这些活性营养成分对增强人体免疫力具有重要作用。

（2）抗衰老。黑蚂蚁中含有多种矿物质元素，如锌元素，丰富的维生素、氨基酸等生物活性物质，这些营养成分能够促进细胞活性，加快细胞再生，可以有效延缓衰老。

（3）治疗风湿性关节炎。黑蚂蚁活性成分具有快速消除关节疼痛、僵硬、麻木、发热等症状的作用。

（4）补肾壮阳。补肾壮阳也是黑蚂蚁的重要功效之一，黑蚂蚁能滋阴补肾，更能提高人类的性功能，男性服用以后可以预防阳痿和遗精以及前列腺炎；而女性出现月经不调、子宫寒冷以及产后受风等不良症状时，也可以通过服用黑蚂蚁来治疗，治疗功效十分出色。

（5）护肝。清肝利胆也是黑蚂蚁入药以后的主要功效，其能修复受损的肝细胞，也能抑制病毒对人类肝脏的伤害，而且能调节胆汁分泌，可用于治疗脂肪肝、酒精肝以及胆囊炎等高发疾病。另外平时把它当保健食材食用，还能清肝利胆，提高肝胆功能，预防肝胆类疾病发生。





（6）改善睡眠。黑蚂蚁具有镇静催眠的作用。

## 四、烹饪与加工

### 黑蚂蚁银耳羹

（1）材料：黑蚂蚁、干银耳、冰糖。

（2）做法：将黑蚂蚁洗净、干银耳用温水发透后，除去杂质；冰糖研成粉末。将黑蚂蚁和银耳一同放入锅内，掺入适量的清水，置旺火烧沸后，转小火熬约1小时，至银耳软糯且汤汁浓稠时，放入冰糖粉末调匀即成。

### 油炸黑蚂蚁

（1）材料：黑蚂蚁、盐、植物油。

（2）做法：取个头较大的黑蚂蚁若干，将黑蚂蚁用开水烫熟，再用

油炸黑蚂蚁

冷水冲洗干净，置于厨房纸上吸干多余的水分后，装入碗中。碗中加适量盐，拌匀，腌制5分钟。起锅烧油，小火将油烧至五成热，关火，下入腌好的黑蚂蚁，以油温余热炸1至2分钟即可捞出食用。

黑蚂蚁干罐头

（图片由合肥工业大学王奇峰老师提供）

### 黑蚂蚁干

选择新鲜、干净的黑蚂蚁，晒干、除杂后对其进行消毒灭菌处理，即为精制而成的“粒状”黑蚂蚁干。

### 黑蚂蚁粉

选择新鲜、干净的黑蚂蚁，晒干、除杂后对其进行消毒灭菌处理，将处理后的黑蚂蚁干研磨成粉末状，制成黑蚂蚁粉。黑蚂蚁粉食用方法多是口服或热开水冲服。

### 黑蚂蚁保健酒

将黑蚂蚁干浸入高度粮食酒中浸泡，浸后的酒叫黑蚂蚁保健酒。亦可在酒中加入一些中药，如党参、人参、黄芪、何首乌、当归、桂圆肉、红枣、枸杞等。

## 五、食用注意

有异性蛋白质过敏、过敏性哮喘以及胃溃疡的患者慎用黑蚂蚁。

## 延伸阅读

### 黑蚂蚁观星和导航

黑蚂蚁是个会观察星星的“天文学家”，也是个“导航家”。19世纪时，法国天文学家阿里兄弟发现有种黑蚂蚁对星星和星云所发射的紫外线特别敏感，于是兄弟俩就决定请黑蚂蚁来帮忙去“观测”人眼所看不见的星星。他俩在天文望远镜的目镜上装了一个小盒子，里面装有黑蚂蚁。事前就将天文望远镜对准预测的天体方向，不久，黑蚂蚁在盒子里开始骚动起来，因为它们感知到了星星射来的紫外线。阿里兄弟用这种方法发现的星星，都被后来的天文学家所证实。

科学家早已发现，外出觅食而远离蚁巢的黑蚂蚁，能依靠太阳的位置和体内的“生物钟”的时钟脉冲协调来寻找回家路线。此外，黑蚂蚁还能够在路过的沿途中留下一种叫“示踪激素”的化学物质来“导航”，这是黑蚂蚁的气味“语言”。

通常，黑蚂蚁外出觅食时，发现食物以后，立即返回家中“通风报信”，随后黑蚂蚁倾巢出动，排成长长的队伍，赶往猎食的场所。它们既能够利用太阳的位置“导向”，又能够在得不到光照直接照射的时候，准确无误地返回“家”里。在黑蚂蚁返“家”以前，科特曾经把它们来时路上的一层表土刮除掉，以消除黑蚂蚁一路上留下的“化学语言”。结果，黑蚂蚁仍旧能够成群结队地安抵“家园”。

# 白蚁

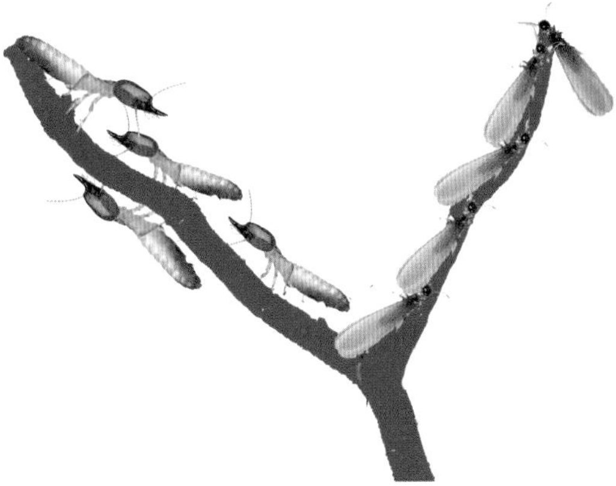

工于隐没又趋阴，多驻人间栋宇心。

药剂百般全不畏，衍生亘古到而今。

——《白蚁》（现代）关行邈

## 拉丁文名称，种属名

白蚁（*Isoptera*）为昆虫纲等翅目白蚁科昆虫，又称虫尉、大水蚁。

## 形态特征

白蚁身体颜色多种多样，有白色、赤褐色、淡黄色、黑色等，但多数颜色近于乳白色。口器为咀嚼式，成虫前后翅形态特征、大小和脉相似，所以划为等翅目。白蚁根据其生理，分为2个类型，一是生殖类型（繁殖蚁），繁殖蚁有长翅型、短翅型和无翅型；二是非生殖类型（不育蚁），不育蚁有工蚁和兵蚁，不同的类型形态特征有一定的差异。

白蚁幼虫

## 习性，生长环境

白蚁为喜温昆虫，分布以赤道为中心，向南北展开，纬度越低，种类越多。中国除黑龙江、吉林、内蒙古、宁夏、青海和新疆尚未发现外，其余各省区都有分布，长江以南，种类多，密度大。

## 二、营养及成分

白蚁被喻为“微型营养宝库”，实验研究结果表明，白蚁含有人体必需的50余种营养物质。白蚁具有高含量的蛋白质（7%～42%），含有30多种氨基酸，包括8种人体必需氨基酸。白蚁脂肪含量在11%～13%，含有较多的不饱和脂肪酸，饱和脂肪酸与不饱和脂肪酸的比值低于40%。白蚁含有多种矿物质元素，如铁、锌、硒、磷、锰、铜等，其中锌的含量为12～220毫克/千克，其含量为猪肝、大豆的4～8倍。白蚁含有多种维生素，如维生素A、C、D、E、$B_1$、$B_2$、$B_{12}$等；此外白蚁还含有多种酶和辅酶、三磷酸腺苷（ATP）、三萜类化合物、草体蚁醛、蚁酸、白细胞介素-2等生物活性物质。

## 三、食材功能

**性味** 性温。

**归经** 归肝经。

**功能**

（1）李时珍的《本草纲目》中记载：“白蚁泥，主治恶疮肿毒，用松木上者同黄丹焙炒黑，研和香油涂之，即愈止。”

（2）现代研究表明，白蚁在抗炎、杀菌、消肿、镇痛、保肝护肝、提高机体免疫力、抗疲劳、延缓衰老、降低血清胆固醇、镇咳祛痰以及对人体内分泌系统调节等方面具有药理作用。可用于治疗风湿性关节炎、慢性肝炎、慢性支气管炎、哮喘、肺结核、慢性肾炎等疾病。

## 四、烹饪与加工

**油炸白蚁**

（1）材料：白蚁、植物油、盐、孜然粉。

（2）做法：把水烧至80℃左右，把白蚁烫死捞出，用冷水清洗干净备用。油锅烧到四五成热时放入白蚁，大火快速炸1～2分钟后捞出放入盛器，撒上盐、孜然粉拌匀即可。

### 白蚁软罐头

选择体态完整的白蚁经除杂、清洗干净、灭菌、调味、装罐、排气、密封、杀菌、冷却、称重、包装工序，即制作完成。

### 白蚁营养保健补酒

选用干燥白蚁经清理、除杂、清洗、烘干、调配、浸泡、灌装工序，即制作完成。

### 白蚁粉

白蚁经清理、除杂、清洗、脱色、烘烤、研磨、筛分、称重、包装工序，即制作完成。白蚁粉可冲水泡服，或用于熬汤、煮粥、炒菜等烹饪环节中。

白蚁粉

## 五、食用注意

（1）白蚁有细菌，食用前须进行消毒处理。

（2）部分种类的白蚁可能带有强化蚁酸，食用前须注意。

传说故事

## 白蚁的传说

先早的时候，有个好心肠的农夫，姓白名义，亲手栽了许多松木，自己用松木盖了一座新木屋。家里只有夫妻二人，日子过得倒快活。

有一日，白义偶然看到路上有个乞丐，又冻又饿，快要死了。救人一命胜造七级浮屠。他便将这个乞丐背回家里，放在床上，夫妻俩煮姜汤、烧火炭，好不容易把这个乞丐救活了。

起先，这个乞丐对白义夫妻自然感恩不尽，对救命恩人白义更是兄弟长兄弟短叫得甜。白义见他知情知义，两人便结拜了兄弟。从此，这个乞丐就长住在白义家里了。好心的白义起早摸黑上山下田干活，让这义弟在家里养身子，把他养得白白胖胖像书生。谁知养鼠咬布袋，这义弟反骨无情，主意打到兄嫂身上来了。趁着白义不在，他就百般调戏兄嫂，一回生两回熟，两人渐渐地就勾搭上了。奸夫奸妇还想做长久夫妻，一日趁白义不备，两人合伙把白义打死了。白义的尸骨被烧成灰，撒在后门山的岩缝中。

白义死不甘心，尸骨灰就变成了白蚂蚁，成群结队爬进自己原来的家里，啃梁吃柱。梁烂了，柱空了，没三年"哐当"一声大响，全栋屋塌下来了，这一对奸夫奸妇就被活活压死在里面了。

白义报复有由，奸夫死有应得，但后来白义见梁就啃，见柱就食，就遭到世人的反对了。

# 豆丹

豆丹着绿袍，攀枝技能高。
欲行身先挺，头动尾巴摇。
似蚕食桑叶，菽叶不到老。
捉来油烹食，百味领风骚。
熬汤味更美，凝结似蛋糕。

——《食豆丹》（现代）朱志文

## 一、物种本源

### 拉丁文名称，种属名

豆丹是豆天蛾（*Clanis bilineata tingtauica* Mell）的幼虫，通常称它为豆青虫，属于鳞翅目天蛾科豆天蛾属。

### 形态特征

豆丹身体形态与蚕相似，长约5厘米，身体颜色为嫩绿色，但头顶部颜色为深绿色，身体末端有尾角，从腹部第一节起，身体两边有7对白色的斜线。

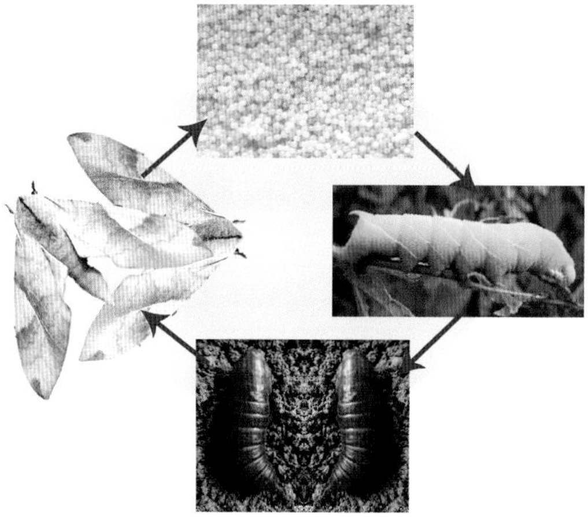

豆丹的不同发育阶段（卵、幼虫、蛹、蛾）

### 习性，生长环境

豆丹主要以大豆的叶子作为自己的食物，其次也食用洋槐、刺槐等植物的叶子。豆丹老熟后会进入地下蛰伏起来，等到第二年羽化为成虫。豆丹在我国分布广泛，目前除了西藏自治区还没有发现分布外，其他各省、区均有分布。豆丹在我国山东和江苏北部分布较多。

## 二、营养及成分

研究表明，豆丹的干物质中蛋白质含量约为65.5%，脂肪含量约为23.7%。豆丹中含有多种氨基酸，其中人体必需氨基酸占氨基酸总量为52.8%。豆丹中含有多种脂肪酸，不饱和脂肪酸占总脂肪酸的64.2%，其中亚麻酸含量约为36.5%，因此豆丹中的脂肪为优质食用脂肪。豆丹老熟幼虫表皮中含有由海藻糖而合成的α–几丁质，且含量较高，是哺乳动物的10倍以上，因此，豆丹是一种海藻糖含量较高的美食。豆丹中含有多种维生素，其中维生素$B_1$和维生素$B_2$含量分别为0.2毫克/千克和6.8毫克/千克，维生素E的含量为98毫克/千克。豆丹中还含有多种矿物质元素，如钙、磷、铁等，其中锌含量为49.7毫克/千克，是人乳的3.5倍，是牛乳的2倍；钾含量为2 246.9毫克/千克，是人乳的4.5倍，是牛乳的2倍；磷的含量也较高，为1 658.7毫克/千克，其他矿物质元素如钙为309.1毫克/千克，钠为617.8毫克/千克，铁为51.7毫克/千克，铜为4.6毫克/千克。

## 三、食材功能

**性味** 味甘，性微寒。

**归经** 归脾、胃、大肠经。

**功能**

（1）豆丹入药，可清热解毒、通络活血、平喘、利尿。

（2）对发热头昏、肺热喘咳、尿少水肿、外皮疱疹等症有辅助康复之功效。

（3）豆丹，有抑菌、消炎之作用，对支气管炎和支气管哮喘、原发性高血压及皮外疱疹等皮外疾病有辅助康复作用。

（4）具有降血压、降血脂、降低胆固醇的作用，对动脉粥样硬化、冠心病、肠胃病等疾病的治疗具有独特疗效。

## 四、烹饪与加工

### 黄金豆丹炒饭

（1）材料：植物油、洋葱、胡萝卜、豆丹、盐、米饭、黄瓜、蛋皮。

（2）做法：锅烧热，放植物油，加入洋葱、胡萝卜丁翻炒，放入豆丹，加入盐翻炒，加入米饭打散炒匀装出，把切好的黄瓜丁和蛋皮拌到饭中即可。

### 番茄酱豆丹

（1）材料：豆丹、盐、生粉、植物油、葱、番茄酱、糖。

（2）做法：将豆丹洗净，放入适量盐拌匀后，均匀裹上生粉，放入油锅中炸成金黄色捞出备用。油锅中留适量植物油，放入葱花炸香后加入调料汁（番茄酱、糖与生粉调成的薄芡）烧开，倒入炸好的豆丹，均匀地裹上酱汁后盛出即可食用。

### 豆丹烤串

（1）材料：豆丹、植物油、葱、姜、料酒、盐、花椒粉、五香粉、孜然粉。

（2）做法：将豆丹洗净，放入碗中。加入葱、姜、料酒、盐、花椒粉，拌匀，腌制10分钟，并串成烤串。用烧烤刷在烤串表面刷植物油少许。放入烤箱，烤制表面焦脆。撒上五香粉、孜然粉等调味料即可。

豆丹烤串

**豆丹罐头**

（1）材料：鲜豆丹肉、鸡蛋、植物油。

（2）做法：将擀制出来的鲜豆丹肉沥干外表水分，然后向豆丹肉中加入蛋清拌匀待用。将拌有蛋清的豆丹肉置于105～115℃油锅中炸，油炸后捞起沥油，并直接放入清水中冷却。取油炸冷却后的豆丹肉装入瓶内，加入适量的清水，排出罐头瓶中的空气后，再对罐头瓶进行杀菌即得。

## 五、食用注意

脾胃虚寒、腹泻者勿食豆丹。

## 传说故事

### 豆丹食用传说

传说很久以前，在灌云地区，每逢大户人家收完豆子后，就会让一些穷人到地里拾那些遗漏的豆粒（方言叫“放门”），于是人们就在收割黄豆的时候在大户人家的地头等着。那些干活的长工，都要故意等到黄豆干得爆裂了才会往车上装，目的是让黄豆更多地洒落在地里。一等到“放门”的时候，人们都抢着去捡拾黄豆粒，孩子们都会在那个时候一窝蜂地涌进地里，抢拾黄豆。话说灌云有个地方叫龙王荡，那儿有一个叫簸箕奶奶的叫花子，在一次黄豆收获季节，她对孩子们说，我来弄些好东西给你们吃。她把背在身后的簸箕拿下来，往割完豆子的豆地里一插，端起了一簸箕的土，而后一簸，簸箕里留下了许多入了土的豆虫。她把豆虫放到火里烧，一会儿就有香味飘了出来。小孩们吃过后都说好吃。孩子们吃完豆虫后，再找那个簸箕奶奶，哪有人呢？人们明白了，这是神仙在给穷人们带来一种恩赐，给人间带来一种美味。于是大家纷纷就在地里找起来，原来地里这样的虫子很多很多，就开始兴起吃豆虫了。因为是神仙带来的嘛，所以人们说是仙丹，就将那豆虫叫作“豆丹”。

# 亚洲玉米螟

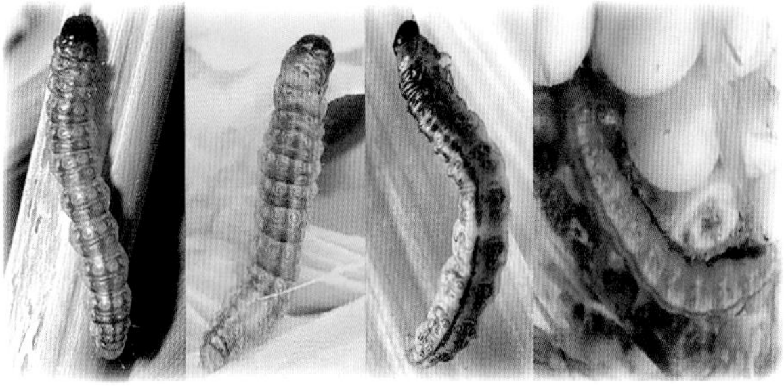

仓廪之灾玉米螟，谁言造化悯生灵。
蜂名赤眼能降物，卵蛹虫蛾俱灭形。

——《亚洲玉米螟》
（现代）关行邈

## 一、物种本源

### 拉丁文名称，种属名

亚洲玉米螟（*Ostrinia furnacalis*）是鳞翅目螟蛾科秆野螟属的一种完全变态的昆虫。亚洲玉米螟是我国玉米等作物的重要害虫，我国各玉米产区均有发生这种昆虫的危害。

### 形态特征

亚洲玉米螟卵的颜色开始为乳白色，后逐渐变为黄白色，形状为扁平的椭圆形，多粒组成卵块，呈鱼鳞状有序排列。亚洲玉米螟初老熟幼虫，体长在25毫米左右，形状为圆筒形，头部颜色为黑褐色，背部颜色有浅褐、深褐或灰黄等多种颜色。亚洲玉米螟的蛹长15~18毫米，颜色为黄褐色，形状为长纺锤形，尾端有刺毛5~8根。蛹羽化后的成虫体色黄褐色，丝状触角的颜色为灰褐色，前翅颜色为黄褐色，后翅为灰褐色。





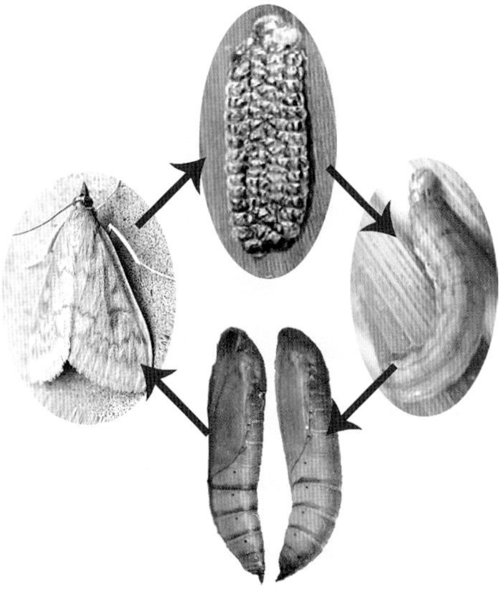

亚洲玉米螟的不同发育阶段（卵、幼虫、蛹、蛾）

**习性，生长环境**

亚洲玉米螟一般卵期3～4天、幼虫期20～30天，蛹期8～10天。一般每年发生1～6代，以末代老熟幼虫在作物或植物茎秆或穗轴内越冬。次年春天在茎秆内化蛹。老熟幼虫在植物叶片蛀道内近孔口处化蛹。成虫羽化后，白天隐藏在作物及杂草间，傍晚飞行，有趋光性，夜间交配，交配后1～2天产卵。雌蛾喜在植物叶背中脉两侧产卵，少数产在茎秆上。平均每蛾产卵400粒左右，每卵块20～50粒不等。

亚洲玉米螟在我国主要分布于北京市、东北3省、河北省、河南省、四川省、广西壮族自治区等地。

## 二、营养及成分

我国许多地区都有食用亚洲玉米螟幼虫的习俗，幼虫营养丰富，蛋白质含量为34.9%，粗脂肪含量为46.1%，幼虫鲜样糖含量为1%，矿物质元素含量为1.2%。氨基酸总量为30.8%，其中含有人体必需8种氨基酸（苏氨酸1.5%、缬氨酸1.9%、甲硫氨酸0.6%、异亮氨酸1.2%、亮氨酸2%、苯丙氨酸1.9%、赖氨酸2.6%、色氨酸0.8%），必需氨基酸含量为12.5%，占总氨基酸比例为40.7%。含有多种矿物质元素。幼虫干样中含钙140.5毫克/千克、镁184.1毫克/千克、铁70.3毫克/千克、锌91.8毫克/千克、铜14.8毫克/千克、锰4.6毫克/千克。此外还富含维生素等。

## 三、食材功能

**功能**

（1）幼虫鲜用或晒干用药，具有清热解毒功效。

（2）幼虫具有增强人体免疫力、抗氧化、降血脂、抗衰老和养颜等作用。

## 四、烹饪与加工

### 麻辣虫蛹

（1）材料：玉米螟的幼虫及虫蛹、植物油、麻辣酱、麻油、葱、盐、香菜。

（2）做法：将亚洲玉米螟的幼虫及虫蛹洗净，油炸至微黄，控油出锅，拌入麻辣酱，滴上麻油少许，撒入葱末、盐和香菜碎，即可食用。

### 蛋炒虫蛹

（1）材料：亚洲玉米螟的幼虫及虫蛹、大蒜、香葱、植物油、鸡蛋、盐。

（2）做法：将亚洲玉米螟的幼虫及虫蛹洗净，再把切碎的大蒜、香葱和幼虫及虫蛹一起投入热油锅中翻炒片刻。将鸡蛋打散，放入锅中，撒盐少许待鸡蛋熟透即可出锅。

### 亚洲玉米螟蛋白粉

亚洲玉米螟的蛹也可以被加工为蛋白粉。采取冻干或烘干的方法干燥虫蛹，利用溶剂提取去除油脂，经减压蒸馏除去虫蛹表皮的溶剂，温水浸泡后用水洗净，用臭氧除臭、脱色；得到蛋白浆后再进行离心分离浓缩或超滤浓缩，然后喷雾干燥得到蛋白粉。

## 五、食用注意

（1）湿热郁火及阴虚火旺者忌服。

（2）不可多食，以免动脾肺之火，或令人目昏、肠虚下重。

## 传说故事

### 玉米螟的由来

以前有一个地主，他爱财如命，不仅对别人很吝啬，对自己也很吝啬。一天，他看上了村里一个贫农的玉米地，想把它买下来，但是那个农民说什么也不卖。地主恨得牙痒痒却也无可奈何，于是天天咒骂贫农地里面的庄稼，恨不得变成虫子把玉米给吃了。恰巧灶王爷巡游，听到了他的心愿就把他变成了虫子，日夜啃着玉米。这就是玉米螟的由来。

# 竹蠹螟

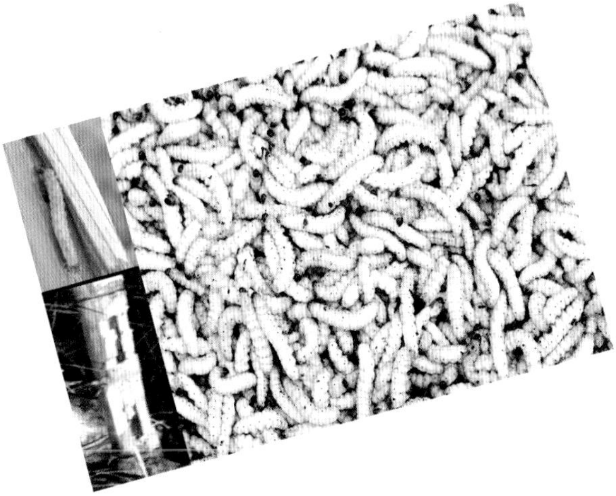

夏虫朝菌未堪哀，毁节穿心巨竹灾。
一物还承一物用，入炊入药取双材。

——《竹蠹螟》（现代）关行邈

## 一、物种本源

### 拉丁文名称，种属名

竹蠹螟（*Omphisa fuscidentalis* Hampson）俗称竹虫、竹蛆，其俗称在民间与竹象幼虫的名称相同。竹蠹螟是鳞翅目螟蛾科禾草螟属笋蠹螟（一种飞蛾）的幼虫。

### 形态特征

竹蠹螟幼虫呈白色，体长约5.1毫米，体宽1.2～1.7毫米，形状似虫草。竹蠹螟蛹初期颜色为乳白色，后期将羽化时足和腹面颜色为黄色，其他部分的颜色均为黑色。

### 习性，生长环境

竹蠹螟的食用虫态为幼虫。幼虫以竹纤维为食，同时由于竹蠹螟幼虫生长在竹心中，生长环境绿色、无污染。每年10月至第二年2月是捕捉竹蠹螟幼虫的时期。竹蠹螟幼虫在我国主要分布在福建、浙江、湖南、四川、江苏、广西等地。

## 二、营养及成分

竹蠹螟幼虫体内含有丰富的蛋白质和脂肪以及较低含量的糖。竹蠹螟幼虫中总糖含量为2%，蛋白含量为29.9%～39.1%，脂肪含量可高达60.4%，含有多种脂肪酸，脂肪酸中有多种不饱和脂肪酸，不饱和脂肪酸的含量为56%，其中油酸含量高达39.2%，能够为人体提供健康有益的不饱和脂肪酸。目前研究测定出竹蠹螟幼虫中含有16种氨基酸，氨基酸总含量为29.9%，其中含有7种人体必需氨基酸，含量为11.3%，占氨基酸总量的37.8%。竹蠹螟幼虫灰分为1.4%，竹蠹螟幼虫含有多种人体必需的矿物质元素，如钙、磷、锌、铁等。除上述多种营养成分外，竹蠹螟幼虫还含有维生素$B_1$、维生素$B_2$、维生素$B_6$、维生素A等。

## 三、食材功能

**性味** 味苦，性寒。

**归经** 归肾经。

**功能**

（1）竹蠹螟幼虫含多种蛋白质和氨基酸等营养活性成分，食用价值高，具有养脾健胃的作用。

（2）竹蠹螟富含脂肪、蛋白质和人体必需氨基酸，具有增强人体免疫力、抗氧化、降血脂、抗衰老和养颜等作用。

## 四、烹饪与加工

### 油炸竹蠹螟幼虫

（1）材料：竹蠹螟幼虫、植物油、椒盐。

（2）做法：选择干净、卫生的竹蠹螟幼虫，除杂后放入70℃的热水将其烫死后捞出，沥干水分备用。锅中放入适量植物油，烧至三成热时放入备用的竹蠹螟幼虫炸至深黄色，捞出撒上椒盐即可食用。

油炸竹蠹螟幼虫

### 清炒竹蠹螟幼虫

（1）材料：竹蠹螟幼虫、植物油、葱、盐。

清炒竹蠹螟幼虫

（2）做法：选择干净、卫生的竹蠹螟幼虫，除杂后放入70℃的热水将其烫死后捞出，沥干水分备用。锅中放入适量植物油烧热，加入些许的葱丝，放入竹蠹螟幼虫炒熟，加入适量盐即可。

**竹蠹螟罐头**

（1）材料：竹蠹螟幼虫、植物油、葱、姜、蒜、豆瓣酱、盐、味精。

（2）做法：将新鲜竹蠹螟幼虫洗净晾干，清水煮熟后，沥干水分备用。起锅烧油，加入葱、姜、蒜，爆香后加入豆瓣酱，翻炒出红油，下入竹蠹螟幼虫，翻炒片刻，加入盐、味精调味即可。出锅装入罐头瓶内，消毒密封后即得。

## 五、食用注意

（1）孕妇慎食竹蠹螟幼虫。

（2）脾胃虚寒、腹泻久泻者勿食。

## 传说故事

### 飞蛾扑火的传说

远古的时候，有个地方叫作羽山。羽山由十二个山峰组成，在黄帝统治的时期，分别住着黄帝的十二个子孙。这十二座山峰里又有一座略小一点的山峰，名叫玄玉山。只因离黄帝的行宫较远，便被赐给了不受黄帝宠爱的嫡孙鲧。此处气候四季如春，因此，山上的各种花草树木都长得格外茂盛，看起来葱葱郁郁，一派繁华，山脚下有一条玉带河缓缓流过，实在是一处好地方。而鲧的宫殿就建于玄玉山下的玄玉谷里，玄玉谷里最美的并不是鲧精美的宫殿，而是彩蛾，一位美丽的少女。

彩蛾，是鲧的女儿，禹的妹妹，一位清丽脱俗、柔弱娇美、心地善良的姑娘，她从不喜欢和父亲、哥哥出去应酬，经常一个人流连在玉带河边的小花园里。这个小花园是彩蛾自己的天堂，里面都是她亲手栽种的奇花异草。由于彩蛾的辛勤培育，这个小花园里一年四季都繁花似锦。更引来了翩跹的蝴蝶和美丽的小鸟。彩蛾总是一早就来到小花园里，和那些美丽的花儿、蝶儿、鸟儿们嬉戏玩耍。直到她邂逅了一个男人——祝融，她平静的生活便一去不再复返。

祝融是北方天帝颛顼的孙子，司火的天神。他生性傲慢，作风强硬，除了天帝，他不服从任何人的管束。对于那些追逐在他身边的女人，更是毫无怜香惜玉之心，因为他根本不信世上有所谓的爱情。直到他发现了彩蛾。祝融是偶然发现她的，当时，彩蛾正在戏花，她穿着雪白的衣裙，在花海里翩翩起舞。花团锦簇更衬托出了一身白裙的彩蛾是那么的轻柔娇媚，在四目相对的刹那间，爱情之火就在两人的心中熊熊燃烧起来，他们相爱了。从不相信爱情的祝融深深地爱上了美丽的彩蛾。从此，小花园里便多了一个戏花之人，那就是英俊的祝融。以后，每当彩蛾翩翩起舞之时，便能听到祝融洪亮的声音唱着甜蜜的歌。玄玉山上到处都留下了两人亲密偎依的身影，玉带河边也多了两个追逐嬉戏的情人。彩蛾美丽的脸颊，在祝融如火的眼中越发得娇媚动人了，但美好的时光总是转眼即逝，来去匆匆。两人的恋情，终于被祝融原来的一个女人，妖艳的蛇女发现了。嫉妒，火一样的嫉妒使蛇女想尽一切办法也要将两人分开。于是，她想出了一条诡计，她勾引了司水的共工，共工又为了她放出了滔滔的洪水。

此举触怒了天帝，天帝便召唤祝融，命他去查明洪水的源头。临别的前夜，俩人依依不舍，彩蛾温柔地躺在祝融温暖的怀中，清晨离别之际，彩蛾立下了铮铮誓言："此身愿为君守，宁死不变。"祝融则带着对彩蛾的不舍与眷恋，踏上了返回天宫之路。

洪水滚滚而来，似要吞没一切生命，许多人家破人亡，妻离子散。彩蛾的父亲鲧和哥哥禹也被黄帝召回了行宫，为治水出谋划策。被嫉妒的火烧红了眼的蛇女此时又蛊惑黄帝，她对黄帝说只要拿到了天帝的宝物息壤，就能治住洪水，让鲧去吧。彩蛾的父亲鲧便盗出了天帝的息壤，但洪水还没有治好，就被勃然大怒的天帝发现了，天帝暴跳如雷。蛇女借机挑拨，说鲧父女二人狼狈为奸，欲乱天宫，更将楚楚可怜的彩蛾说成了媚惑祝融的妖女。相信了蛇女的挑拨，天帝便命祝融速速灭了鲧一家，祝融却誓死不从。天帝龙颜大怒，说如果祝融胆敢抗命，就将他打落凡尘，永受轮回之苦。收到蛇女故意传来的消息后彩蛾立刻闯入天宫，自杀于天帝的脚下，甚至没有见到自己朝思暮想的祝融。

彩蛾死后，尸身化作了千万只飞蛾，在世界上到处寻找着她的祝融，所以，当她看见了跳跃的火光时，便会义无反顾地冲进去，只因那就是祝融温暖的胸膛啊。

# 蝴蝶

前身曾学昭仪舞，时样工为京兆眉。
拣尽好枝无可意，倦寻芳草歇多时。
晓畦雾重狂须减，风槛花飞惧与随。
不但蛛丝深著避，更知红袖亦堪疑。

——《咏蝶》（宋）舒岳祥

## 拉丁文名称，种属名

蝴蝶，凤蝶总科（*Rhopalocera*）昆虫的统称，属鳞翅目完全变态昆虫。

## 形态特征

蝴蝶的卵形状通常为圆形或椭圆形，其大小根据品种的不同而有一定的差异。蝴蝶的幼虫形状多样，多为肉虫，少数为毛虫。幼虫成熟后要变成蛹，直接化蛹，无茧。成虫触角为锤状，翅膀宽大，停歇时翅膀竖立于背上，身体和翅膀表明覆有扁平状的鳞状毛。

苎麻珍蝶的成虫

（图片由滁州学院诸立新教授提供）

## 习性，生长环境

蝴蝶的幼虫大多嗜食叶子，成虫后通常吸食花蜜。成年的蝴蝶一般在早晚日光斜射时出来活动。蝴蝶以南美洲亚马孙河流域产出最多，其次是东南亚一带。

## 二、营养及成分

在我国云南、贵州等一些少数民族地区有食用黄斑蕉弄蝶、枯叶蛱蝶幼虫和蛹、达摩凤蝶幼虫和蛹等。黄斑蕉弄蝶的蛹含有多种活性营养成分。蛹含有较高量的蛋白质，其干物质中蛋白质含量为76.3%，比猪瘦肉、鸡肉和鸡蛋等食品中的蛋白含量都高。蛹中含有多种氨基酸，其干物质中氨基酸含量为628.2毫克/克，其中天门冬氨酸含量为71.3毫克/克，含量最高，谷氨酸含量为67.8毫克/克，含量次之。蛹中必需氨基酸含量占总氨基酸含量比值为45.1%，属于优质蛋白质。黄斑蕉弄蝶蛹中脂肪含量为15.8%，其脂肪含量比猪瘦肉、鸡肉以及鸡蛋的脂肪均低很多。

枯叶蛱蝶幼虫和蛹均含有多种活性营养物质。枯叶蛱蝶幼虫和蛹干物质中的总糖含量分别为17.2%和27%，蛋白质含量分别是68.4%和57.6%，脂肪含量分别为8.6%和3.8%，矿物质元素含量分别为5.8%和11.4%。枯叶蛱蝶幼虫和蛹的17种氨基酸总含量分别为430.6毫克/克、306毫克/克，人体必需氨基酸总含量分别为169.7毫克/克、120.5毫克/克，必需氨基酸总含量占氨基酸总含量的39.4%。枯叶蛱蝶幼虫和蛹中的多数矿物质元素含量都明显比猪肉、牛肉和鸡肉中的含量高。

苎麻珍蝶的蛹

（图片由滁州学院诸立新教授提供）

达摩凤蝶幼虫和蛹均可以食用。干的幼虫和蛹中的蛋白质含量分别为60.1%、78.3%，脂肪含量分别为5.9%、6.8%；碳水化合物含量分别为24.1%、

9.8%；矿物质元素含量分别为9.9%、5.1%。达摩凤蝶幼虫和蛹中含有多种氨基酸，其总氨基酸含量分别为519.9毫克/克、648.7毫克/克，幼虫中氨基酸含量最高的是谷氨酸（91.8毫克/克）；蛹中氨基酸含量最高的是胱氨酸（87.4毫克/克）。研究表明达摩凤蝶幼虫和蛹中的氨基酸总量均高于猪肉中的氨基酸总量。

## 三、食材功能

**性味** 味甘，性平。

**归经** 归脾、胃、大肠经。

**功能**

蝴蝶幼虫、蛹含有较高的蛋白质、脂肪等多种营养物质，具有提高人体免疫力、改善记忆以及辅助降血脂、降血糖和抗氧化等作用。

## 四、烹饪与加工

### 油炸蝶蛹

（1）材料：蝶蛹、盐、料酒、玉米淀粉。

（2）做法：盐水洗净蝶蛹。清水煮开，加上盐和料酒，倒入蝶蛹，煮2分钟后捞出，控干水分，晾凉，用剪刀从中间剪开，去除黑心。加入适量盐、玉米淀粉拌匀。起锅烧油，油热后倒入蝶蛹，炸至金黄色出锅。

### 卤水蝶蛹

（1）材料：蝶蛹、葱、姜、八角、盐、料酒、生抽、老抽。

（2）做法：将用盐水洗净的蝶蛹置于蒸笼内蒸熟。把蒸好的蝶蛹加水淹没，在水中加入葱、姜和八角，大火煮开。再加入盐、料酒、生抽和老抽，继续煮5分钟。将蝶蛹浸泡在卤水中，随吃随取。

## 五、食用注意

（1）对鱼虾过敏者禁食。

（2）有些蝶类如蛱蝶科和闪蝶科的成虫和幼虫的鳞片、毒毛、组织液等对人体有毒，食用时须谨慎。

## 传说故事

### 霞郎雯姑的故事（云南大理蝴蝶泉的传说）

据说很久以前，有一个勤劳美丽的白族姑娘雯姑，同一个年轻的樵夫霞郎相爱。有一天，统治苍山、洱海的俞王碰上雯姑，并想霸占她。在俞王的淫威下，姑娘没有别的办法，只好和心爱的樵夫拥抱着跳进了位于云南大理苍山云弄峰麓神摩山下的无底潭，潭底突然裂开了一个水洞，从洞里飞出一对美丽的蝴蝶，它们在潭边互相追逐，形影不离。于是，各种蝴蝶从四面八方向这对蝴蝶飞来，群蝶相聚，翩翩起舞。这个无底潭就是现在的蝴蝶泉。由于雯姑霞郎殉情之日是农历四月十五，人们把每年的这一天定为蝴蝶会。蝴蝶会期间，附近白族青年男女纷纷集聚泉边，唱山歌，弹三弦，观彩蝶。

# 东亚飞蝗

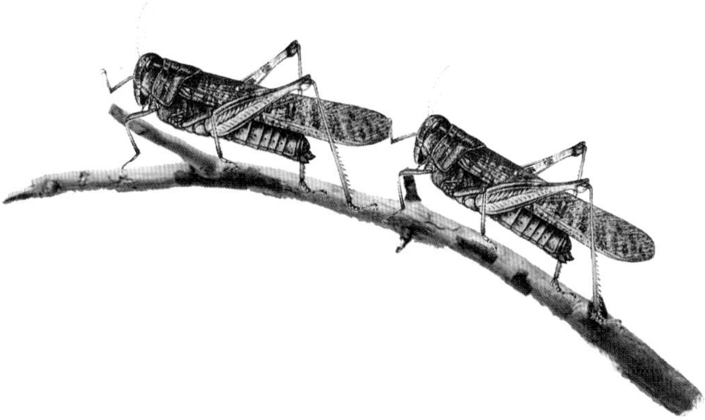

飞蝗蔽空日无色，野老田中泪垂血。
牵衣顿足捕不能，大叶全空小枝折。
去年拖欠鬻男女，今年科征向谁说？
官曹醉卧闻不闻？叹息回头望京阙。

——《飞蝗》（明）郭登

## 一、物种本源

### 拉丁文名称，种属名

东亚飞蝗（*Locusta migratoria manilensis*）属于昆虫纲直翅目飞蝗科飞蝗属，又称蚂蚱、蝗虫。

### 形态特征

东亚飞蝗体型较大，为绿色或黄褐色，雄虫在交尾期颜色变为鲜黄色。东亚飞蝗头的顶部圆，颜面微向后倾斜，复眼长卵形，触角丝状，细长；足为跳跃足，前翅为角质翅，颜色淡褐色，有暗色斑点，后翅为膜质翅，无色透明。

### 习性，生长环境

东亚飞蝗为迁飞性、杂食性不全变态的害虫，其生活史经过卵、幼虫和成虫3个阶段。在自然条件下东亚飞蝗一年有2代，第一代称为夏蝗，第二代为秋蝗。

东亚飞蝗主要危害玉米、小麦和水稻等多种禾本科植物，也可危害棉花、大豆、蔬菜等。东亚飞蝗在我国分布非常广泛，主要分布于华北、华南、华中、华东及台湾、四川、云南等。

## 二、营养及成分

东亚飞蝗含有多种氨基酸，目前研究测定其含有18种氨基酸，8种人体必需氨基酸，总氨基酸含量为54%，其中必需氨基酸含量为18.7%，占总氨基酸含量的比值为34.2%。因此，东亚飞蝗含有的蛋白是一种优质的食用蛋白。东亚飞蝗脂肪含量为13.1%，目前实验研究共检测到12种主要的脂肪酸，其中不饱和脂肪酸含量约占总脂肪酸的55.6%，表明东亚飞蝗的脂肪为优质食用油脂。东亚飞蝗还富含生物活性物质黄酮，含量约为1.3%。东亚飞蝗还含有多种矿物质元素，如钙、锌、铁等。此外，还含有维生素A、维生素$B_1$、维生素$B_2$、维生素E等。

## 三、食材功能

**性味** 味辛、甘，性温。

**归经** 归肺、肝、脾经。

**功能**

（1）东亚飞蝗性温，味辛、甘，入药可治咳嗽、惊风、破伤风、冻疮、斑症不出等。

（2）东亚飞蝗具有增强人体免疫力、抗疲劳、抗氧化、降血脂、促进代谢等作用。

## 四、烹饪与加工

### 脆炸东亚飞蝗

（1）材料：东亚飞蝗、姜、盐、料酒、植物油、面粉、鸡蛋。

（2）做法：选用新鲜的东亚飞蝗，用温盐水清洗干净，捞起沥干水分，加姜片、盐、料酒浸渍10～20分钟备用。用面粉、鸡蛋调成糊，将东亚飞蝗裹上一层糊后放入油中炸至黄、脆后即可食用。

### 红烧东亚飞蝗

（1）材料：东亚飞蝗、姜、盐、料酒、植物油、花椒、葱、酱油。

（2）做法：选用新鲜的东亚飞蝗，用温盐水清洗干净，捞起沥干水分，加姜片、盐、料酒浸渍10～20分钟备用。将东亚飞蝗用植物油煸炒一下，再放少许花椒、葱、姜翻炒，而后放入适量酱油、料酒干炒，再加入适量的清水烧开稍焖一下即可。

**蝗虫面粉**

将东亚飞蝗去足、翅，洗净后高温烘干，研磨成粉。将蝗虫粉与面粉按比例混合后，即可制得蛋白含量高的蝗虫面粉，可用于加工面条、面包等多种食品。

富含东亚飞蝗蛋白的面粉

## 五、食用注意

（1）过敏体质者，慎食。

（2）在烹食之前，先让东亚飞蝗排便两三小时，然后用开水烫两三分钟再烘烤、油炸或冷藏。

## 传说故事

### 李世民生吃蝗虫

隋唐时期，是蝗灾高发时期，根据历史资料记载，唐朝的289年间，就爆发了42次蝗灾。贞观元年，李世民登基不久，长安就发生了蝗灾，这让李世民非常尴尬。甚至有人私下议论是李世民得位不正，才遭到了“蝗神”的谴责。

后来，李世民带文武百官到玄武门北面的禁苑，亲自在禁苑的草丛里找到了几只蝗虫。大臣们都不知道李世民要干什么，忽然，看到李世民张开嘴巴，打算把这些毁坏百姓庄稼的蝗虫吞入口中。陪伴李世民左右的官员和侍卫们吓得目瞪口呆。

有胆子大的大臣连忙劝谏：“蝗虫万万不能吃，吃了或惹怒蝗神！”胆子小的大臣则委婉地劝说：“蝗虫太脏，吃了易生重病、患恶疾！”李世民不听，当着众人的面，吞之、嚼之，虽然味道难忍，但还装作甘之如饴，大为过瘾。还令人将自己吃蝗虫的事，到处宣扬，长安城内，人尽皆知。

唐太宗李世民为何敢于吞食蝗虫呢，用他自己的话说：“民以谷为命，而汝食之，宁食吾之肺肠。”（《资治通鉴》）也就是说：老百姓们之所以能安居乐业，全是因为他们有粮食赖以生存，蝗虫却将百姓的粮食吃了，还不如让它们来吃朕的肠、肺呢！

表面上来看，李世民是在告诉臣民，他敢于挑战蝗神，谁欺负他的百姓，他就为百姓做主。实际上，李世民是想通过这一举动，为长安的官员和百姓做表率，让百姓们不要惧怕蝗虫，一起诛之杀之。

李世民的这种行为，果然起了表率作用。当地官员和百姓大受鼓舞，齐心协力灭蝗，当年并没有产生较大的灾害。

李世民生吃几个蝗虫，既解决了蝗灾，又避免了他人质疑自己登基的合法性；既解决了民生危机，又解决了政治危机。李世民将帝王权术运用得恰到好处。

# 中华稻蝗

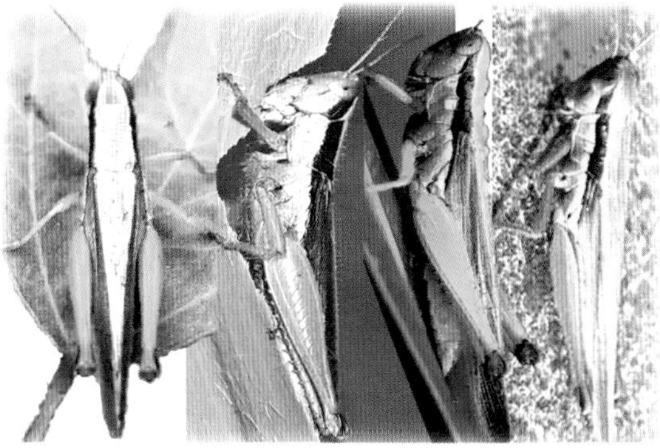

黄蜂作歌紫蝶舞，蜻蜓蚱蜢如风雨。
先生昼眠纸帐温，无那此辈喧梦魂。
眼中了了华胥国，蜂催蝶唤到不得。
觉来匆见四摺屏，野花红白野草青。
勾引飞虫作许声，何缘先生睡不惊。

——《戏题常州草虫枕屏》

（宋）杨万里

## 一、物种本源

### 拉丁文名称，种属名

中华稻蝗（*Oxya chinensis*），别称水稻蝗，俗称蚂蚱，直翅目斑腿蝗科稻蝗属害虫。

### 形态特征

雌虫体长19.6～40.5毫米，雄虫体长15.1～33.1毫米；中华稻蝗全身颜色为绿色或黄绿色，左右两侧有暗褐色纵纹。中华稻蝗头较小，头顶向前突出，颜面向后下方倾斜。触角丝状，比前足腿节长，比身体短。中华稻蝗前胸背板发达，呈马鞍形，向后延伸覆盖中胸。中华稻蝗前足和中足为步行足，后足为跳跃足。前翅狭长，革质，比较坚硬；后翅膜质，宽大。前翅保护后翅，飞翔时后翅起主要作用，静止时折叠于前翅之下。

### 习性，生长环境

中华稻蝗一年有2代，第一代成虫出现于6月上旬，第二代成虫出现于9月上中旬。主要危害麦类、玉米、水稻等多种农作物。中华稻蝗在我国分布广泛，北起黑龙江，南至广东，尤其南方十分常见。

## 二、营养及成分

中华稻蝗含有多种营养活性成分，其干物质内蛋白质含量为63.1%～68.6%。含有多种氨基酸，总氨基酸含量62.2%～65%，含有人体必需的8种氨基酸，必需氨基酸含量为22%～23.3%，占总氨基酸的35.4%～36.2%，是一种优质的食用蛋白质资源。中华稻蝗体内油脂含量为7.2%～9.4%。此外，中华稻蝗含有丰富的矿物质、维生素以及黄酮等。

## 三、食材功能

**性味** 味甘、辛，性温。

**归经** 归肺、脾、肝经。

**功能**

传统医学典籍表明中华稻蝗，有健脾和中、定惊、镇痛、活血通络的作用。对脾虚少食、营养不良、急慢性惊风、破伤风、抽搐痉挛、百日咳等有缓解和辅助康复之功效。

现代医学研究表明：中华稻蝗具有抗疲劳作用，有利于增强人体免疫力。具有降血脂、改善动脉硬化症、保肝护肝和增强记忆力的作用。

## 四、烹饪与加工

**酒仙三宝**

（1）材料：中华稻蝗、姜、盐、料酒、植物油、腰果、土豆。

（2）做法：将中华稻蝗用温盐水清洗，捞出沥干水分后加姜片、盐、料酒浸渍10～20分钟后，放入油中炸至枣红色。将炸好的腰果和土豆片与炸好的蝗虫拌匀装入盘中即可食用。

**中华稻蝗炸串**

（1）材料：中华稻蝗、料酒、植物油、孜然粉、辣椒粉、盐。

（2）做法：将处理干净的中华

中华稻蝗炸串

稻蝗穿成串备用。起锅烧水，水开放入料酒，后放入处理干净的稻蝗串。焯水后过凉水，取出控干水分。植物油烧至五六成热时，放入稻蝗串，炸至外表金黄酥脆捞出，撒上孜然粉、辣椒粉、盐翻拌均匀即可。

## 五、食用注意

热感冒患者不宜食用中华稻蝗。

## 延伸阅读

### 高价的珍馐

蝗虫自古以来就是常被食用的昆虫。过去，每到稻穗转黄的时节，田里就成了蝗虫的世界。它们占据稻田、啃食稻叶，在农民开始使用农药前，蝗虫造成的稻作损失相当严重。

有历史资料记载“二战”期间，日本青少年被要求协助农家驱除害虫，因此捕捉蝗虫成为日本学校既定的活动。

在中国古代农村，蝗虫是老少咸宜的食材。将捉来的蝗虫放置一晚，除去其体内秽物，水煮后晒干，只要用手轻轻揉搓，脚和翅膀就会剥落，有油炸、爆炒等多种做法，有些地方则会将晒干的蝗虫磨成粉，干炒后加盐制成蝗虫粉，用以煮粥、煲汤等。

自从农药的使用普及后，蝗虫的身影也渐渐从田里消失了，如今，在低剂量农药的农田里，还是能捉到蝗虫，但蝗虫已被当成高价的珍馐。

# 中华剑角蝗

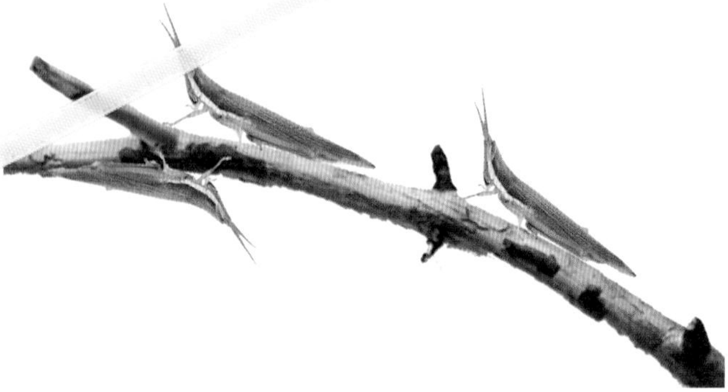

头大肩尖腿脚长，秀钉模样最难当。
侧生身分高而厚，斗到秋深赢满场。

——《论蚱蜢形》（宋）贾似道

## 一、物种本源

### 拉丁文名称，种属名

中华剑角蝗（*Acrida cinerea*）为直翅目剑角蝗科剑角蝗属昆虫，又名中华蚱蜢、东亚蚱蜢、扁担沟、大扁担、尖头蚱蜢等，在中国通常叫蚱蜢。

### 形态特征

中华剑角蝗成虫体形细长，体长30~81毫米，雌虫体大，雄虫体小。身体颜色夏季型为绿色，秋季型为土黄色，前胸背板的中隆线、侧隆线及腹缘呈淡红色。头圆锥状，好像戴了一顶三角形的尖尖帽，颜面向后倾斜角度较大，触角丝状，复眼卵形，较小。前翅发达，为绿色或枯草色，后翅淡绿色。后足股节及胫节为绿色或褐色。

春天的中华剑角蝗

### 习性，生长环境

中华剑角蝗为杂食性昆虫，寄主广泛，如高粱、水稻、小麦等各种农作物以及蔬菜、花卉等。中华剑角蝗在我国各地均有分布，北至黑龙江，南至海南，西至四川、云南等地。

## 二、营养及成分

中华剑角蝗蛋白质含量约为63.6%，总氨基酸含量为57.1%，人体必需氨基酸含量占总氨基酸的34.5%，因此，中华剑角蝗蛋白为理想的食用性蛋白。粗脂肪的含量为8.4%，且含有多种脂肪酸，其中不饱和脂肪酸亚麻酸（30.5%）、亚油酸（15.3%）、油酸（21%）含量较高，硬脂酸（9.6%）含量较低，是健康的油脂。总糖含量1.9%，灰分4.6%，其中矿物质元素的含量为钙927微克/克、锰8.4微克/克、铁103.1微克/克、锌297.4微克/克、铜49.4微克/克、镁975微克/克、硒6.5微克/克、铝109.4微克/克、钼0.5微克/克、镍3.9微克/克、铬26.9微克/克、铅11.4微克/克、砷3.3微克/克等，矿物质元素均衡。

## 三、食材功能

**性味** 味辛，性凉。

**归经** 归肺、肝经。

**功能**

（1）中华剑角蝗含丰富的甲壳素，甲壳素可升高体液的pH值，改善体内酸性环境，能够清除自由基，延缓衰老，排除体内毒素，达到排毒养颜的功效。

（2）中华剑角蝗具有降压、减肥、降低胆固醇、滋补强壮和养胃健脾的功效，对中耳炎、菌痢、肠炎有一定的辅助治疗作用。

## 四、烹饪与加工

油炸中华剑角蝗

**油炸中华剑角蝗**

（1）材料：中华剑角蝗、植物油、盐、孜然粉。

（2）做法：将中华剑角蝗用温盐水清洗，捞起将水控干，起锅烧油，油温四五成热时，放入中华剑角蝗。快速炸制，炸至金黄，约2分钟后用漏勺沥油捞出。将炸好的中华剑角蝗放入盛器，撒上盐、孜然粉掂均匀即可食用。

### 辣炒中华剑角蝗

（1）材料：中华剑角蝗、植物油、花椒、葱、干辣椒、生抽、香菜、盐。

（2）做法：将中华剑角蝗洗好，平底锅里放适量的植物油，小火加热，把洗净的中华剑角蝗放入锅里慢慢地烘，直到将其烘酥。烘好后盛出备用。热锅热油放入花椒，炸出香味后捞出花椒，再把葱花、干辣椒放入锅中，加入少量生抽爆香， 最后将烘好的中华剑角蝗和香菜放入炒匀，加盐调味即可。

### 中华剑角蝗罐头

将中华剑角蝗放在由水、桂皮、茴香、料酒、花椒、大葱、盐制成的大料水中浸泡30分钟，取植物油加热后，将晾干后的中华剑角蝗倒入，进行油炸，炸酥为止，捞出后装罐灭菌。





## 五、食用注意

中华剑角蝗性凉，不可多食。

## 延伸阅读

### 蚱蜢学功夫

从前，有只蚱蜢叫阳阳，阳阳的爸爸妈妈都是全国武术冠军。阳阳生活在这样的家庭里，小日子过得不赖，可是阳阳是个好吃懒做的家伙，却想拥有一身好武功。

阳阳跟父母学武功已经三年了，学得是有模有样的。因此，父母要为他举办个“武功展示会”，邀请所有动物来欣赏阳阳的表演。开始展示了，第一场由蜜蜂丁丁挑战阳阳，谁料，才两三下，阳阳就被丁丁弄得满脸大包，坐在地上大哭起来：“妈妈，妈妈！丁丁打我。”阳阳的妈妈羞愧地抱着他，展示会只好草草收场。

回到家里，妈妈拍了阳阳的屁股几下，阳阳哭得更响亮了，比学校的高音喇叭还响。爸爸气急了，说：“你不学好本领就别回这个家！”被逼无奈，阳阳只好出去学武功了。

阳阳出了家门，看见一只蜻蜓正在河边练轻功，阳阳的眼睛大了起来，他想：我要是会这样漂亮的轻功，尤其是这一招——蜻蜓点水，那可就了不起了。阳阳拜蜻蜓莎莎为师，在莎莎那里学习“风中行”。莎莎看他进步很快，还奖给他一对翅膀。阳阳感到练武很累，觉得闷得难受，正巧，听见母鸡“多嘴婆”对她的同伴说：“跟你讲哪，隔壁的蜻蜓美眉呀，哼！她最近跟一只绿蚱蜢很亲热呢，保准出事儿！”阳阳很难为情，他不辞而别了。过了两天，阳阳看见一只青蛙一口吞掉一只大虫。阳阳得知这就是闻名天下的“蛤蟆功”，阳阳就拜青蛙“大嘴”为师了。阳阳跟“大嘴”学“蛤蟆功”有两个月了，已经能蹦一米五六了。可是，阳阳又听到“多嘴婆”说：“那只癞皮蛤蟆收了个绿皮怪做徒弟，真是天生一对怪物！”阳阳又不辞而别了。这样，阳阳只好到深山里去找师傅了。他找到了著名武功大师螳螂，可是螳螂要考验他，让他站在门外，站了三天三夜。阳阳好不容易熬过去了。开始，阳阳很认真地学，螳螂拳学了七八成，师傅还送给他一对“狼牙追风钩”，让他天天练习。阳阳哪里能吃下这个苦，这回，干脆偷跑了。

三年过去了，阳阳一事无成，走到哪里都被人家嘲笑。

# 蟋蟀

七月鸣在野，八月鸣在宇。
九月登我堂，十月入床下。
滔滔岁方晏，促促声亦苦。
悲秋不悲己，终夜如独语。
时俗有新声，谁能一听汝。

——《蟋蟀》（宋）刘敞

## 一、物种本源

### 拉丁文名称，种属名

蟋蟀（*Gryllidae*）属于直翅目蟋蟀科，亦称蛐蛐、夜鸣虫、将军虫、秋虫、斗鸡等，“和尚”则是对蟋蟀生出双翅前的叫法。

### 形态特征

蟋蟀体长大于3厘米，体型多呈圆桶状，缺少鳞片，身体颜色变化较大，多为黄褐色至黑褐色，少数为绿色、黄色等，体色均一者较少，多数为杂色。蟋蟀头圆，胸部较宽，口器为咀嚼式，触角为丝状，触角比身体长，前足为步行足，后足发达为跳跃足；多数雄虫前翅具发声结构，通过前翅举起左右摩擦，发出音调。雄性蟋蟀翅膀有明显凹凸花纹，雌性翅纹平直。

### 习性，生长环境

蟋蟀穴居，常栖息于地表、砖石下、土穴中、草丛间。夜出活动。杂食性，喜欢各种植物、苗木、果蔬等。蟋蟀生性孤僻，独立生活，同性别的蟋蟀一般不住在一起。

蟋蟀是不完全变态昆虫，包括卵、若虫和成虫过程。若虫蜕皮6次（即6个龄期），每次3～4天，共需20～25天羽化为成虫。成虫寿命140～150天。

蟋蟀广泛分布于世界各地，全世界已知约1 200种，我国有120余种。

## 二、营养及成分

常见的食用蟋蟀有黄褐油葫芦、北京油葫芦、油葫芦、双斑大蟋、花生大蟋等。

黄褐油葫芦粗蛋白含量占鲜重15.9%～17.8%，虫体干粉蛋白质含量约为56%。实验研究测定出黄褐油葫芦干粉中含有18种氨基酸，总氨基酸含量为62.3%~79.3%。含有8种人体必需氨基酸，必需氨基酸含量为24%~32.4%，占总氨基酸含量的38.5%~40.9%。脂肪含量占鲜重3.4%~7.4%。富含各种脂肪酸，含量为83.1%~94.5%，其中不饱和脂肪酸（油酸、亚油酸、亚麻酸）含量较高，占脂肪酸含量的53.8%~62.3%，属优质油脂。黄褐油葫芦糖含量为1.5%~1.9%，灰分为1.9%~3.3%。黄褐油葫芦含有多种矿物质元素，其中钙、铁、锌含量较高。此外，黄褐油葫芦含有多种维生素，如维生素A、维生素$B_2$和维生素C等。

北京油葫芦含有多种各营养成分，其中粗蛋白含量占鲜重比例为19.8%，实验研究测定其含有18种氨基酸，占总粗蛋白的60.6%；含有8种人体必需氨基酸，人体必需氨基酸占总氨基酸比值为36.5%。脂肪含量为3%，含有多种脂肪酸，其中不饱和脂肪酸含量较高，占脂肪酸总量约为80%，人体必需的亚油酸占比约为46.8%，其次是油酸（30.4%），另外亚麻酸也占到3.8%。不饱和脂肪酸与饱和脂肪酸的比值为2.9，远高于人的膳食中的一般食品的比值，所以说北京油葫芦的脂肪为理想的健康食用脂肪。北京油葫芦富含多种人体必需的矿物质元素，其中铁含量极为丰富，可作为贫血患者的首选食品。

由以上的研究可以看出蟋蟀是一种高蛋白低脂肪、富含多种矿物质和维生素等多种营养成分的优质食品。

## 三、食材功能

**性味** 性温，味辛、咸。

**归经** 归膀胱、小肠经。

**功能**

（1）蟋蟀入药有舒缓输尿管痉挛的作用。

（2）蟋蟀退热素有扩张血管和降低血压的作用。

（3）蟋蟀具有提高人体免疫力、降血压、降血脂、促进生长等作用。

## 四、烹饪与加工

### 油炸蟋蟀

（1）材料：蟋蟀、盐、植物油。

（2）做法：选择新鲜干净的蟋蟀清洗干净，放入沸水中焯一下，捞出去掉翅膀、足、触角和内脏等，再清洗干净备用。在锅内放入一定量的盐和清水，煮沸后倒入处理好的蟋蟀，煮几分钟捞出，沥干水分。锅内放入适量植物油烧至四成热，放入蟋蟀炸至金黄色即可。

油炸蟋蟀

### 蟋蟀营养棒

将蟋蟀洗净后，高压灭菌后高温烘干并研磨成粉。将蟋蟀粉与蛋白粉、糖浆、棕榈油等配料混合成团，经过挤压、塑性、切割、包装等步骤，制成蟋蟀营养棒。

## 五、食用注意

（1）患风热感冒时建议勿食蟋蟀。

（2）蟋蟀有微毒，食用前需用沸开水焯一下。

（3）脾胃虚弱者和孕妇禁食。

## 传说故事

### “雌蟋”与“慈禧”同音惹的祸

清同治年间，宁津陈庄的斗蟋蟀在京城已小有名气。这年，逢慈禧太后生日之际，皇宫内准备大庆一番。太监李莲英建议增添斗蟋蟀助兴，慈禧很满意。于是，李莲英派两个手下人贾大鼎和郭老福，到陈庄选虫子，并叮嘱要选个大的，成色好的。二人到陈庄后呵斥人们到地里捉最好的虫子进贡。其实，他们根本不懂什么成色，只记住了“个大的”。当上好的虫子贡上来后，都因“个不大”而没被选中，村民们还挨了骂，甚至遭衙役棒打。村中几个捉蟋蟀的人一商量，决心捉弄一下两太监，出出气。于是他们在地里捉到几只特大的雌蟋蟀，把显示雌性的尾巴剪掉，献了上来。两太监一见，如获至宝，装进箱里，运回京了。没等慈禧寿筵开，虫子便献到了李莲英面前。太后听说后，欲先睹为快，让选两只斗斗看。李莲英把两只最大的放在一起，可几经挑逗，不见相战。仔细看时，才知是两只雌的。慈禧顿时大怒，因扫了兴，更因“雌蟋”与“慈禧”同音，大忌。雌蟋上不了场，影射了女人专权之逆，慈禧以为是两个下人故意耍弄她，便下令将他们下狱。

# 中华螽斯

螽斯羽，诜诜兮。宜尔子孙，振振兮。
螽斯羽，薨薨兮。宜尔子孙，绳绳兮。
螽斯羽，揖揖兮。宜尔子孙，蛰蛰兮。

——《螽斯》（先秦）佚名

## 一、物种本源

### 拉丁文名称，种属名

螽斯属于直翅目螽斯科螽斯属昆虫。俗称蝈蝈、螽斯儿、纺花娘等。我国常见分布较广的是中华螽斯（*Tettigonia chinensis* Willemse）。

### 形态特征

### 习性，生长环境

中华螽斯生活史为卵、若虫和成虫。中华螽斯若虫形态特征与成虫相似。中华螽斯成虫身体颜色为绿色，形状呈扁圆柱状。头部较小，颜面倾斜或垂直。口器为咀嚼式，触角丝状，较长，长过其身体。前、中足为步行足，后足为跳跃足，足的背、腹面具刺和距。前胸背板马鞍形，比较发达，通常前缘稍向前凸，后缘圆角形，翅短且厚，革质化程度较强，左膀在上，右膀在下。中华螽斯最突出的特点就是善于鸣叫，其叫声是用两叶前翅摩擦发出的响亮声音。

## 二、营养及成分

中华螽斯含有多种营养成分。实验研究表明中华螽斯的含水量为73%左右，其干制品中总糖含量约为2%，蛋白质含量约为65%，脂肪含量约为11%，矿物质元素约为7%。研究测定出其含有18氨基酸，氨基酸的总含量约为62%，其中含有8种人体必需氨基酸（含量约为28%），约占氨基酸总量的42%。中华螽斯含有多种脂肪酸，其中不饱和脂肪酸所占比例较高，约为80%。中华螽斯中含有多种人体生长发育必需的矿物质元素，如钙、镁、铁、锌、铜、钠、镁、钼、硒等。

## 三、食材功能

**性味** 味辛、微甘，性平。

**归经** 归肾经。

**功能** 中华螽斯入药，有解毒、通络止痛、缓解腰膝肿痛、利水消肿等功能，主治中耳炎、水肿、腰腿痛等。

## 四、烹饪与加工

**油炸中华螽斯**

（1）材料：中华螽斯、植物油、盐、葱。

（2）做法：将中华螽斯的翅膀、头和内脏去除，用清水洗净后放入盐水中浸泡30分钟左右，捞出沥干水分，放入加热至四五成热的植物油中炸至焦黄、酥脆，加入葱花拌匀即可。

油炸中华螽斯

**烤中华螽斯**

将中华螽斯穿插在小棍棒上，悬在炭火上方反复翻动烘烤，直至香味浓厚。

## 五、食用注意

昆虫蛋白过敏者勿食。

## 传说故事

### 螽斯表达美好祝愿

商周时期人们把蝈蝈和蝗虫统称为“螽斯”，宋朝人将蝈蝈与纺织娘混为一谈，明朝才有了“聒聒 ”的称呼。“聒聒 ”和“蝈蝈”都是以声名之，实际上“聒聒”和“蝈蝈”是一个等同的名称。

早在原始社会末期，大禹就开了崇拜蝈蝈的先河。古文中禹就是“虫”。《玉篇·虫部》中讲，“禹虫也”。《尔雅·释虫》曰：“国貉，蚃虫。”郝懿行义疏：“蚃虫即虫蚃，蚃犹响也，言之声响也。”《尔雅》说得明白，禹虫叫“国貉”，又带响声，必今之蝈蝈。大禹是以禹虫——蝈蝈来命名的。于是禹虫便成了大禹氏族之图腾。所以后世就以禹虫的习性来崇拜，祭祀大禹。《荀子》记载有所谓“禹跳”，扬雄《法言》说：“巫步多禹”，都认为后人祭祀禹时跳的舞蹈好多都是蝈蝈那样的跳步。3000年前《诗经》中相传为周公旦所作的《七月》以及民歌《草虫》《螽斯》等是世界上最早记载蝈蝈的作品。其代表作《螽斯》“螽斯羽，薨薨兮，宜尔子孙，绳绳兮……”节奏欢快，展现了一个载歌载舞的欢乐场面，整篇诗歌都在颂扬蝈蝈的种族兴旺。这是生产力低下时人们对生命繁衍的企盼，是一首祝人多生子女的喜庆民歌。由此而产生的成语“螽斯衍庆”便成了喜贺子孙满堂的吉祥语。

# 蝼蛄

凝云遮汉月不舒，微电时照东南隅。
风条不动柱础湿，初夜深砌吟蝼蛄。

——《夏夜雨意》（宋）晁补之

## 一、物种本源

### 拉丁文名称，种属名

蝼蛄（*Gryllotalpa* spps.）属直翅目蝼蛄科昆虫。我国常见的分布较广的蝼蛄有5种，分别是华北蝼蛄（*Gryllotalpa unispina* Saussure）、东方蝼蛄（*Gryllotalpa orientalis* Burmeister）、金秀蝼蛄（*Gryllotalpa jinxiuensis* You & Li）、河南蝼蛄（*Gryllotalpa henana* Cai & Niu）和台湾蝼蛄（*Gryllotalpa formosana* Shiraki）。别称拉拉蛄、天蝼、地拉蛄、土狗等。

### 形态特征

蝼蛄生活史经历卵、若虫和成虫3个阶段。现主要介绍东方蝼蛄的形态特征。东方蝼蛄的卵形状为椭圆形，长约2.8毫米，颜色为初产时黄白色，后逐渐变为黄褐色、暗紫色。若虫初孵时乳白色，老熟时体色接近成虫，形态特征与成虫相似。东方蝼蛄成虫身体长度为30~35毫米，身体颜色为浅茶褐色，头呈圆锥形，触角为丝状，较长。前胸背板为卵圆形，中央有一凹陷的暗红色长心脏形斑，前翅较短，长及腹部中部，后翅扇形较长，超过腹部末端。前足为开掘足，后足胫节背面内侧有3~4个刺，腹部末端近纺锤形，具1对尾须。

### 习性，生长环境

一般入药的蝼蛄主要是华北蝼蛄和东方蝼蛄。蝼蛄在我国的分布很广，华北蝼蛄主要分布东北、内蒙古、新疆、河北、河南、山西、陕西、山东、苏北等地。东方蝼蛄几乎遍及全国。金秀蝼蛄分布在广西。河南蝼蛄主要分布在安徽、湖北、陕西和四川等省的山区。台湾蝼蛄主要分布于台北地区。

## 二、营养及成分

蝼蛄含有多种营养元素，以东方蝼蛄为例，实验表明其营养成分如下：水分含量约为6.1%，蛋白质含量约为66.3%，粗纤维含量约为1.1%，脂肪含量约为26.1%。东方蝼蛄含有17种氨基酸，总氨基酸的含量为54.9%，其中谷氨酸含量最高（7.4%），丙氨酸含量次之（7%）。人体必需氨基酸含量为18.8%，占总氨基酸的36.1%，其中亮氨酸含量最高（3.4%）、缬氨酸次之（4.4%）。含有多种脂肪酸，如十四烷酸、1，1–十六碳烯酸、十六（烷）酸、9–十八碳烯酸、十八烷酸、花生四烯酸等。还含有甾醇类物质，如胆甾$\beta$–5–烯–3–醇、谷甾醇、菜油甾醇、豆甾醇等，其次含有苯乙酸。

## 三、食材功能

**性味** 味咸，性寒。

**归经** 归膀胱、大肠、小肠经。

**功能**

（1）蝼蛄入药可用于治疗各种水肿，大、小便不利，尿潴留，泌尿系统结石等杂症。

（2）蝼蛄的提取物被用于治疗伤口和烧伤，可以加快伤口的愈合。东方蝼蛄的提取物可用于治疗脓肿和溃疡。

## 四、烹饪与加工

**炒蝼蛄**

（1）材料：蝼蛄、植物油、葱、姜、料酒、盐、酱油。

（2）做法：将蝼蛄去头、肢、内脏、翅，洗净待用。植物油加热至四五成热，下葱花、姜末煸香，投入蝼蛄煸炒，烹入料酒，加入盐、酱油，煸炒至蝼蛄熟而入味，即可。

炒蝼蛄

## 五、食用注意

气弱体虚者及孕妇忌食蝼蛄。蝼蛄有一定的毒性，经期女性服用可能导致身体更加虚寒，引起月经紊乱。

## 传说故事

### 蝼蛄求封

传说刘媪在扒寻刘邦时见到一只蝼蛄从埋藏还是婴儿的刘邦的土中钻出来，大怒之下便把蝼蛄拦腰掐断。当看见孩子的鼻孔向外有一个小洞时，才恍然大悟。原来它是怕孩子在土中憋死，才钻孔给刘邦通气的。刘媪为做了一件错事而后悔不已，回头看到被掐断的蝼蛄正不断颤动着，便顺手从地上捡起一根草把蝼蛄的两截断身连接在一起，并跪地祷告："蝼蛄大神，你救了我孩子一命，是我冲动误伤你，今求你原谅，我祈天保佑你，赐你万福。"祷告完后，便见蝼蛄慢慢爬动，钻入土地之中了。

刘邦做了皇帝后一个夏季的晚上，正在南宫乘凉，忽然飞来一只蝼蛄，落在脚下，赶之不去。刘邦十分惊奇，忽想起幼年时听母亲说过蝼蛄救命之事，心想既对我有救命之恩，就该受到封赏，于是刘邦便动了封蝼蛄为"护国公"之意。第二天早朝时，向大臣谈及此事，萧何忙奏曰："陛下，此事万万不妥，蝼蛄专食田间的禾苗，致使庄稼减产歉收，老百姓恨之入骨，若受赐封，恐民心难服。它只是曾救助过陛下一人，现在确是天下百姓的公敌，赐封之事，望陛下三思而行。"刘邦听后，认为萧何所奏有理，于是放弃了赐封蝼蛄的想法。蝼蛄没能受到赐封，大为恼怒，此后便开始大肆繁衍，尽食田间的禾苗。

# 蚱蝉

娇声娇语，恰似深闺女。
三叠琴心音一缕，躲在绿阴深处。
此音宁与人知，此身不与人欺。
薄暮背将斜月，噤声飞上高枝。

——《清平乐·咏蝉》
（宋）陈德武

## 一、物种本源

### 拉丁文名称，种属名

蚱蝉（*Cryptotympana atrata*）属于半翅目蝉科蚱蝉属，别名鸣蜩、马蜩、鸣蝉、秋蝉、蜘蟟、蚱蟟和知了等。

### 形态特征

幼虫身体较坚硬、黄褐色，头棕色，腹部较大，腹部密生细刺突。翅芽非常发达，前足为开掘足。成虫雄虫身体长而宽大，雌虫稍短，身体颜色为黑色，密被金黄色细短毛，但前胸和中胸背板中央部分毛少光滑。头小，复眼大，3个黄褐色单眼排列成三角形，触角短小，刚毛状，中胸发达，背部隆起。翅2对，透明有反光，翅脉明显，雄虫具鸣器，雌虫则无。

### 习性，生长环境

蚱蝉生活史长，在土中生活若干年，成熟若虫于5—8月傍晚时期从土中钻出来，爬行到灌木枝条、杂草茎干等处，多在夜间8点至10点和早晨4点至6点，在激素控制下开始蜕变羽化为成虫。成虫羽化后20天左右，通过刺破树皮吸食树汁补充营养，即可开始交尾产卵，如此周而复始。蚱蝉主要栖息在阔叶树上，例如杨树、桐树、榆树和各种果树等。蚱蝉在中国大部地区均有分布。

## 二、营养及成分

成熟的蚱蝉若虫含蛋白质71.8%，为鸡蛋（11.8%）的6倍、瘦猪肉（16.7%）的4.3倍；含有18种氨基酸，其氨基酸总含量为63.5%，其中含有人体必需的8种氨基酸，其含量为21.2%，占氨基酸总量的33.3%。脂肪含量为9.2%，含有多种脂肪酸，其中不饱和脂肪酸油酸含量为17.2%。碳水化合物9.9%。含有丰富的常量和微量元素，如钠、钙、铁、锌等，此外，还含有维生素A和维生素E。蚱蝉的成虫也富含蛋白质(70.8%)、维生素和矿物质元素。

## 三、食材功能

**性味** 性寒，味咸、甘。

**归经** 归肝、肺经。

**功能**

（1）相关古籍对蚱蝉的功能记载如下。《神农本草经》记载蝉若虫的全虫，记为“蚱蝉”，“味咸寒，主小儿惊痫、夜啼、癫病、寒热”。《名医别录》记载枯蝉“主小儿痫，女人生子不出”。

（2）现代医学研究表明，蚱蝉入药有抗惊厥、镇静镇痛作用。对慢性肾炎去除尿蛋白有助疗效果。对去除角膜白斑有疗效。可以缓解烟碱所引起的肌肉震颤。具有平喘、抗炎、改善血液流变学作用。

## 四、烹饪与加工

### 油炸蚱蝉串

油炸蚱蝉串

（1）材料：蚱蝉、植物油、盐、五香粉、孜然。

（2）做法：将蚱蝉的老熟幼虫清水洗净后，放入清水中让其吐出脏物后，捞出沥干水分备用。锅中放入适量植物油烧至八成热，放入处理好的蚱蝉幼虫，炸熟后捞出，串成串。根据自己口味添加盐、五香粉、孜然等，即可。

**五香金蝉**

（1）材料：蚱蝉、八角、生姜、盐。

（2）做法：把轻炸的蚱蝉幼虫放入锅中，加适量水、八角、生姜、盐等炖10分钟即可。

## 五、食用注意

（1）孕妇慎食蚱蝉。

（2）风寒感冒者勿食蚱蝉。

（3）脾胃虚寒、腹泻者勿食蚱蝉。

## 传说故事

### 老汉粘蝉

孔子前往楚国时路过一片树林，看到一个驼背老人，手里拿着一根长长的竹竿正在粘知了。老人的技术非常娴熟，只要是他想粘的知了，没有一个能逃脱的。孔子惊奇地说：“您的技术这么巧妙，大概有什么方法吧！”

驼背老人说：“我的确是有方法的。夏季五六月粘知了的时候，如果能够在竹竿的顶上放两枚球而不让球掉下来，粘的时候知了就很少能够逃脱。如果放三枚不掉下来，十只知了就只能逃脱一只；如果放五枚不掉下来，粘知了就会像用手拾东西那么容易了。你看我站在这里，就如木桩一样稳稳当当；我举起手臂，就跟枯树枝一样纹丝不动；尽管身边天地广阔无边，世间万物五光十色，而我的眼睛里只有知了的翅膀。外界的什么东西都不能分散我的注意力，都影响不了我对知了翅膀的关注，怎么会粘不到知了呢？”

孔子听了，回头对弟子说：“专心致志，本领就可以练到出神入化的地步。这就是驼背老人所说的道理啊！”

一个人如果能够排除外界的一切干扰，集中精力、勤学苦练，就可以掌握一门过硬的本领。

# 九香虫

神农尝药竟无功，方物生来赤水中。
凭杖扶衰还失笑，男儿原是可怜虫。

——《戏柬荔裳索九香虫（其二）》（清）施闰章

## 一、物种本源

### 拉丁文名称，种属名

九香虫（*Aspongopus chinensis* Dallas）属半翅目兜蝽科瓜蝽属，俗称黑兜虫、瓜黑蝽、打屁虫、臭虫、放屁虫、臭大姐等。

### 形态特征

九香虫生活史经历有卵、若虫、成虫3个阶段。卵的形状呈圆筒形或杯形，初产的卵颜色较浅，后颜色逐渐变深。若虫与成虫形态特征相似。九香虫成虫体型为近椭圆形，身体颜色因品种不同有一定的差异。

### 习性，生长环境

九香虫多是害虫，少数肉食类的九香虫为益虫，以一些小型害虫为食。其典型特征是具有的臭腺分泌臭液挥发到空气中，臭而难闻，所以称其“臭大姐”。九香虫分布广泛，在我国主要分布于中高原至中海拔山区，几乎遍布我国各省。

## 二、营养及成分

九香虫具有药食两用的价值，含有多种营养成分和生物活性物质。九香虫水分含量约为67%，蛋白质含量约为44%，脂肪含量约为53%，矿物质元素约为1.8%。实验测定其含有18种氨基酸，其中丝氨酸和苏氨酸的含量较高，分别为20.4%和15.5%。含有8种人体必需氨基酸，占总氨基酸含量的29.9%。九香虫中含有12种脂肪酸，其中不饱和脂肪酸的含量占总油脂酸的57.1%。九香虫中含有丰富的矿物质元素，如钙、磷、铁等。九香虫中还含有多种维生素，如维生素A、维生素E、维生素$B_1$和维生素$B_2$等。此外九香虫中还含有抗菌活性多肽、核苷类、多巴胺衍生物、生物碱和倍半萜等。

## 三、食材功能

**性味** 味辛、咸，性温。

**归经** 归肝、脾、肾经。

**功能**

（1）九香虫提取物能够提高超氧化物歧化酶、过氧化氢酶等抗氧化酶的活性，具有抗氧化作用。

（2）九香虫含有丰富的多巴胺类、哌啶类等物质，具有改善生殖能力和保护生殖损伤、治疗肾病的作用。

（3）九香虫中的多肽、香豆素衍生物、胺类物质等具有抗菌作用。

（4）九香虫还具有抗凝血、抗溃疡、抗炎等作用。

## 四、烹饪与加工

**干炒九香虫**

（1）材料：九香虫、椒盐之类的佐料。

（2）做法：将活的九香虫放入温水里，使其臭屁（含有机化物酮）都放在水里，这样处理3~4次，使其臭屁都放尽，虫子死亡即可。把虫倒入烧热的锅内慢慢翻炒，炒至虫子焙干冒出油，香味出来，放椒盐之类的佐料，拌匀盛出即可。

干炒九香虫

### 九香虫酒

将活的九香虫倒入温水浸泡，使其排出臭液、臭屁。后将九香虫拍碎，装入纱布袋内，按1：10的比例加入白酒浸泡，将其密封，浸泡7天后，去掉药袋即可饮用。

## 五、食用注意

阴虚阳亢的人群不能服用九香虫。

## 传说故事

### 九香虫名称的由来

三国时期，战争连年，兵荒马乱。某一年春天，有一队士兵正好来到贵州赤叶河附近。当时，不知是什么原因，每个士兵都有气无力，还老闹腹痛。当地好心的村民看到这种情况，便带领士兵来到赤叶河边，翻开河边的卵石，卵右下便有一窝窝如胡豆似的虫子飞出。

村民告诉士兵们，这种虫叫臭屁虫，只要逮住它，将其放入盛温水的盆里，等虫在盆里挣扎到飞不动之时，体内的臭液、臭屁也就放尽了。然后，把虫烤熟了吃，便可解决腹痛的问题。这些士兵们正好饿得前胸贴后背呢，于是便不管三七二十一，立刻动手抓虫子烤着吃了。没想到，这一吃他们精神立刻变好了，腹痛也消失了。于是，臭屁虫能治腹痛的功效便传开了。后来，大家觉得臭屁虫对人这么有益，就给它取了个好听的名字，即“九香虫”，还将它入了菜。

# 蛴螬

九十春光在何处，古人今人留不住。
年年白眼向黔娄，唯放蛴螬飞上树。
——《春归去》（唐）陈陶

## 一、物种本源

### 拉丁文名称，种属名

蛴螬鳃是金龟子或金龟甲的幼虫，金龟子是鞘翅目金龟总科（*Scarabaeoidea*）的通称。

### 形态特征

蛴螬卵的形状为长椭圆形，乳白色。老熟幼虫体态肥胖，身体颜色为白色，头为红褐色，静止时身体弯曲，呈C形，体背多横纹，尾部有刺毛。蛹为淡黄色或杏黄色。蛴螬成虫为长椭圆形，羽化初期颜色为红棕色，后逐渐变成红褐色或黑色，背翅坚硬，全身披淡蓝灰色闪光薄层粉，腹部为圆筒形。

蛴螬的幼虫

（图片由中国农业科学院植物保护研究所尹娇研究员提供）

### 习性，生长环境

蛴螬幼虫是主要地下害虫之一，常将植物的幼苗咬断，导致植物枯死。成虫又是农作物、林木、果树的大害虫。蛴螬在我国分布很广，各地均有分布，以我国北方分布较多。我国常见的食用蛴螬有华北大黑腮金龟、凸星花金龟、白星花金龟、双叉犀蛴螬、二疣犀甲（椰子虫）、神农洁蜣螂等的幼虫、蛹和成虫。

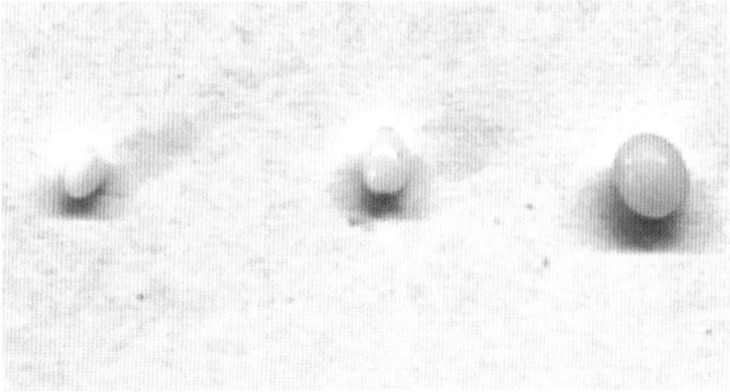

铜绿丽金龟卵（左）、暗黑鳃金龟卵（中）、大黑鳃金龟卵（右）对比

（图片由中国农业科学院植物保护研究所尹娇研究员提供）

## 二、营养及成分

蛴螬幼虫与成虫富含多种活性营养物质。如双叉犀蛴螬幼虫干物质中总糖含量为3.2%，蛋白质含量为46.6%，脂肪含量为31.1%，矿物质元素含量为3.2%。双叉犀蛴螬幼虫干物质中含有18种氨基酸，其中含有8种人体必需氨基酸和儿童所需的另外2种必需氨基酸——组氨酸和精氨酸，人体必需氨基酸占总氨基酸含量的46.4%。其蛋白质含量高于猪肉、乳类的蛋白质含量。双叉犀蛴螬幼虫含有10种矿物质元素，如钾、镁、钠、硒等，此外，还含有维生素$B_1$、维生素$B_2$等。

## 三、食材功能

**性味** 味咸，性微温。

**归经** 归肝经。

### 功能

（1）补充蛋白质。为人体补充蛋白质是蛴螬最重要的功效，蛴螬含有大量高质量蛋白，能满足人体正常代谢时对蛋白质的需要。

（2）滋补强壮身体。蛴螬含有多种氨基酸和一些脂肪以及对身体有益的矿物质和微量元素，不但能提高身体各器官功能，还能促进身体代谢，增强人体自身抗病能力。经常食用蛴螬还能缓解体虚，让人体变得更强壮更健康。

（3）杀菌消炎。蛴螬中含有多种天然药用成分，能消灭人体内的多种致病菌和病毒，特别是蛴螬口腔中的黏液药用价值更高。取出这种黏液可以直接涂抹在外伤伤口上，它能防止伤口感染并能加快伤处愈合。人们在出现严重外伤而不能及时注射破伤风疫苗时，直接涂抹蛴螬口腔中的黏液还能预防破伤风发生。

（4）保护心血管。保护心血管也是蛴螬的重要作用，其身体内含有一定数量的脂肪，而这些脂肪以不饱和脂肪酸为主，其中亚油酸的含量特别高，故食用蛴螬能增强人体细胞的抗氧化能力并能清除身体内的脂肪酸，防止人体心血管衰老僵化，可以阻止多种心血管疾病的发生。





## 四、烹饪与加工

### 油炒蛴螬

（1）材料：蛴螬、植物油以及盐等其他调料。

（2）做法：将洗净的蛴螬去头、足、内脏后油炒，加入盐和其他调料后即可食用。

### 油炸蛴螬

（1）材料：蛴螬、植物油以及盐等其他佐料。

（2）做法：蛴螬成虫或蛹水中清洗后迅速捞出，控干水。锅内放适量植物油加热后，放入成虫或蛹翻炸，加入盐和佐料搅拌均匀后即可食用。

**蟒螬高蛋白粉**

将处理后的蟒螬使用冷冻干燥机进行真空干燥脱水，取出后，放入研钵中进行粉碎，对已经成粉的蟒螬使用乙醇对蛋白质进行抽提，而后再次干燥，即得成品。

## 五、食用注意

（1）体虚血弱者禁止食用。

（2）过敏体质者禁止食用。

（3）蟒螬可能有重金属、农药污染，食用时注意把肠道去除。

# 传说故事

## 蛴螬湾

京杭大运河在峄县（现在的台儿庄境内）的巨梁桥和六里石中间，有一个大河湾，当地人传说叫蛴螬湾。据说在隋炀帝开挖运河的时候，全河线开挖得很快，独有这个河湾挖不出河形。白天挖了一天，夜里又让蛴螬平了。皇帝很生气，杀了4个领工的县长。

第五个领工的县长，也很为难，可是这个人有点子。他想：挖运河是皇工，干不成杀头也应该，死也得死个明白，不能当个糊涂鬼！他上任以后，不和别的县长一样，光知道打骂民夫。他白天化装成民夫，在工地干活，晚上，他自己到河边察看动静。

这一天夜里，毛毛小雨下个不停。这个第五任领工的县长，躲在一个屋角里，看看究竟是怎么回事。到了半夜子时，就听到新开的河里有松土声。一会儿听到有说话声："别说杀4个领工，就是杀10个、20个也白搭。他有本事挖，咱有本事平，河想过咱蛴螬湾，万万不能！"接着又有一个说话声："别吹牛啦，只要用秆草泼上香油一烧，咱就全完了。"县长心里有了底。第二天一早，就命令各乡各村的小领工，运秆草，买香油。三天之内，河湾铺了尺把厚的秆草，浇上香油。一点着秆草，可了不得了！满河湾通红，一连烧了好几天，就听地底下吱吱乱叫，再一看地上还冒血。再一往下开挖，河湾下烧死的都是蛴螬。没有蛴螬造土，河湾很快就挖通了。

等完了工，第五任领工的县长，升官进京，自此运河上就有了"蛴螬湾"的名称。

# 龙虱

雨黑南溟，烟黄北户，惯候潮痕昏晓。
倦羽飞来，被湿沙黏了。
何尝见、蛸蝂尘生，又压倒、蛣蜣香抱。
待红丝、缀上钗头，又输与，缅虫小。
鲛人市，蜑人船，过十里五里，洒人腾笑。
刀砧唤住，擘珠娘纤爪。
算加恩、簿子须添，辨异味、食经重草。
讶刘郎，学豢龙时，不曾扪到。

——《聒龙谣·龙虱》（清）朱彝尊

## 一、物种本源

### 拉丁文名称，种属名

龙虱（*Cybister*）属鞘翅目龙虱科昆虫，又称水鳖、黑壳虫、水龟子、水鳖虫等。

### 形态特征

龙虱身体为长圆形，身体长1.3~4.5厘米。龙虱背颜色为深橄榄绿色，鞘翅两侧、唇基、前胸背板外缘为绿黄色。头部近扁平，触角丝状，为黄褐色。复眼突出。鞘翅有3行稀疏的不明显的纵点，点纹等宽。足为黄褐色。

### 习性，生长环境

龙虱品种较多，有4 000多种，我国有230多种。龙虱生活于水中，入夜能飞于空中。龙虱擅长游泳，喜捕食小鱼为食。龙虱世界性分布，在我国分布较广，主要分布于广东、湖南、福建、广西、湖北等省。

## 二、营养及成分

龙虱含有多种营养物质。龙虱含有多种氨基酸，总氨基酸含量为359.4毫克/克（干重）。总氨基酸中谷氨酸含量最高，为49.5毫克/克（干重），亮氨酸、天门冬氨酸、组氨酸、精氨酸、赖氨酸含量也较高。每克龙虱含有422.4毫克蛋白质，人体必需氨基酸指数（EAAI）高达0.9799，因此龙虱为优质蛋白源。龙虱体内含有多种脂肪酸，其中不饱和脂肪酸含量较高。龙虱体内还含有多种矿物质元素，如钾、钠、镁、锰、硒等。此外龙虱还能分泌类固醇类物质。每100克龙虱（干重）的主要营养成分见下表所列。

| | |
|---|---|
| 蛋白质 | 57.1克 |
| 粗脂肪 | 27.3克 |
| 总糖 | 8.5克 |
| 粗纤维 | 3.9克 |

## 三、食材功能

**性味** 味甘，性平。

**归经** 归肾经。

**功能**

龙虱具有补肾壮阳、滋补强壮、抗衰老、美容美白之功效。对防治前列腺肥大、腰酸腿软、高血压、肥胖症等有一定的疗效。

## 四、烹饪与加工

**和味龙虱**

（1）材料：龙虱、植物油、姜、蒜、白酒、酱油、盐、糖。

（2）做法：将龙虱放入开水里煮1分钟后捞起备用。锅里加植物油烧热，用姜、蒜炝锅后放龙虱炒香，再放白酒少许，加盖煮10秒后放水没过龙虱，根据自己口味放适量酱油、盐、糖，最后中火煮10分钟后大火收汁即可。

**椒盐龙虱**

（1）材料：龙虱、盐、植物油、椒盐粉。

（2）做法：用盐水将龙虱煮熟后过冷水冷却备用。锅里加植物油烧至五六成热，将龙虱放入油锅中炸5～10分钟后捞起装盘，撒入适量椒盐粉拌匀即可食用 。

### 龙虱补酒

选择龙虱20克，清洗干净，沥干水分放入300~500毫升白酒中，密封，浸泡21日后过滤去渣即成。

### 龙虱药食食品加工

龙虱在捕获后于40℃干燥箱烘干，而后加水粉碎。可将粉碎后的龙虱粉添加至食品中，例如面包、饼干，增加食品营养特性。

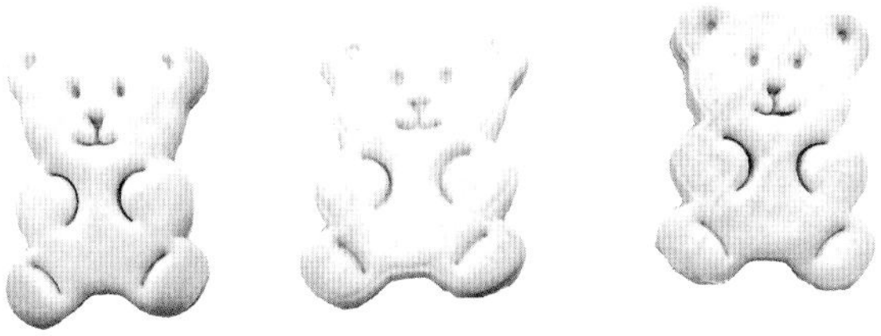

正常的饼干

添加龙虱粉的饼干

## 五、食用注意

孕妇忌食龙虱。

## 传说故事

### 同治皇帝吃龙虱

据说在清朝同治皇帝统治时期，有一年，同治皇帝夜尿频多，每天晚上都要起夜好多次，弄得他根本休息不好。御医诊断同治皇帝是肾亏，于是用鹿鞭之类的药物来医治，但是一直都不见效果。同治皇帝十分苦恼，这个时候，他听说粤人喜食的龙虱可以治疗夜尿频多这个毛病，于是马上派了自己的贴身太监去广州进行暗访。

太监来到了广州西关（今广州荔湾区）一带，扮作普通老百姓，果然在街上看到很多店铺都在卖龙虱。太监买了一些吃，这一吃可就上瘾了。太监在这里待了一个月，也连续吃了一个月的龙虱。一个月之后，太监回京向同治皇帝复命，此时他的脸色已经是红润如玉，精神状态也很好。同治皇帝大喜，立刻下诏让广州府进贡龙虱。在同治皇帝吃了一段时间的龙虱之后，他的夜尿频多的毛病果然被治好了，龙虱也是一时名声大噪，从此身价倍增。

这个小故事的真假已不可考，但是这也反映了龙虱的药用价值之高以及广东人食用龙虱的传统之悠久。对于“什么都敢吃”的广东人，吃点虫子确实是不算什么，何况还是这么营养丰富的虫子，但是对于其他地方的人来说，可能会觉得害怕和恶心，而不敢一试。

# 竹象

四方为害古来多，蚀笋伤材无奈何。
绝迹只今因食客，蛹虫亿万早消磨。

——《竹象》（现代）关行邈

## 一、物种本源

### 拉丁文名称，种属名

竹象又称笋子虫，竹象（*Cyrtotracjelus longimanus*）属于鞘翅目象甲科的一种昆虫，是为害竹类的主要害虫之一，又名竹虫、竹蜂、笋蠔、象鼻虫、慈竹牛、竹钻子等。

### 形态特征

竹象幼虫为纺锤形，身体颜色为乳白色，头为棕色，体形较胖的有很多皱纹，蛹为白色。蛹羽化后的成虫体长可达35毫米，菱形，红褐色或褐色，体表光滑，无鳞片。嘴巴很长，似大象的鼻子，所以又称其为象鼻虫。触角呈沟坑状，柄节较长。前胸为盾形，前缘缢缩，后缘有窄隆线，基部和端部略呈黑色，基部中央有一不规则的黑斑。雌性成虫翅鞘为黄色，体形较小；雄性翅鞘为黑色，接近鞘翅的背部有一块较大的黑斑，体形较大。雌虫数量远多于雄虫。

### 习性，生长环境

竹象成虫具有假死性，当受到震动时会假死，从高处震落，至半空中时往往会飞走。幼虫和成虫对竹子均有危害。在中国，竹象主要分布于广东、广西、四川、重庆、浙江、贵州、福建等地。

## 二、营养及成分

竹象含有多种营养成分。蛋白质含量较高，蛋白质含量约为64%，实验研究测定其含有18种氨基酸，其中人体必需的8种氨基酸，约占氨基酸总量的40%，其中谷氨酸含量最高。竹象还含有较高量的脂肪和糖类以及多种脂肪酸，主要有亚麻酸、油酸、亚油酸和棕榈烯酸。竹象还含有丰富的矿物质，如钙、磷、镁、铁、锌等。

## 三、食材功能

**性味** 味辛、苦，性温。

**归经** 归脾、肝、肾经。

**功能**

（1）竹象入药具有祛风湿、止痹痛的功效，主治风湿痹痛证、风寒腰腿疼痛等。

（2）竹象具有抗菌消炎、治疗痢疾、抗衰老、养颜、增强抵抗力以及强身健体的药用价值。

## 四、烹饪与加工

**油炸竹象蛹（油炸竹象成虫）**

（1）材料：竹象蛹（或竹象成虫）、植物油、盐、辣椒粉、花椒粉、鸡精。

（2）做法：用开水将竹象蛹（或竹象成虫）烫熟，晾晒水分。锅内

油炸竹象蛹

油炸竹象成虫

倒油，加热至六成热，再将竹象蛹（或竹象成虫）倒入油锅中炸2～3分钟。将竹象蛹（或竹象成虫）捞起，撒上盐、辣椒粉、花椒粉和鸡精等，装盘或成串皆可。

### 辣炒竹象

（1）材料：竹象、植物油、辣椒、花椒、盐、味精。

（2）做法：将竹象清洗干净，去除四肢、尾部、内脏、长嘴和翅膀，用沸水略煮一下捞出沥干水分备用。锅中入油，烧热后，放入处理好的竹象，炸好后滤去过多油，加入辣椒、花椒、盐以及少许味精，翻炒一下即可。

### 竹象酒

将竹象洗净，沥干水分，按照一个竹象加入10毫升白酒的比例加入白酒，密封浸泡7天即可打开饮用。

## 五、食用注意

不可多食，以免引起肠梗阻。

## 传说故事

### “蜀人”得名于烤竹象

竹象是危害竹类的主要害虫之一，其幼虫一般叫笋蛆，生活在竹根下的泥土里，白白胖胖，挖了焙干放油炒，又酥又香，是古人佐酒佳品。成虫全身黄黑相间，有美丽的花纹，每翅具有纵纹9条。它们有一身的硬壳和6对带尖钩状的足，自带钢钻头，十分轻松就可以在竹笋上钻个洞，狂吸竹汁。被竹象吸吮过的竹笋，过不了多久，就会从洞那里断掉或烂掉。

王德奎先生《评朱学渊的上古史大统一》一文，提到了学者朱学渊曾经在四川生活过，“搞上古史大统一研究探索，算是一位很特别的科学家”。文章中说远古的四川人叫蜀人——从人类的源语或母语学可以推证：蜀人的得名与烧烤有关——即蜀人是较早吃熟食的人。四川的竹林中，爱出一种叫笋子虫的金黄色的昆虫，在火上烧烤时，会发出“苏苏苏”的声音，且非常好吃，香味扑鼻。原始的蜀人扎堆吃这种烧烤的时候，随着烧烤发出的“苏苏”声，有人最先学着喊叫出“苏苏”声，接着大片人群也附和喊叫出“苏苏”声，有学者认为这就是蜀人最早的源语或母语。后来这类现象越来越普遍，外来的原始人群见之，就把四川这里的原始人叫“苏”人或“熟”人。再后来源语或母语变成了语言和文字，“苏”人或“熟”人的叫法，被规范为了“蜀”人。

# 黄粉虫

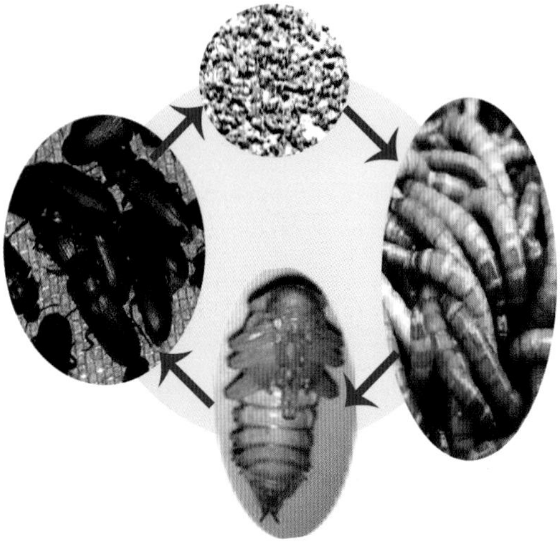

徒生残翅竟何堪，鼯技由来是笑谈。
百拙此虫君莫哂，精华集聚味犹甘。
——《黄粉虫》（现代）关行邈

## 一、物种本源

### 拉丁文名称，种属名

黄粉虫（*Tenebrio molitor*）属于鞘翅目拟步甲科粉甲属，又称面包虫，多为人工饲养。

### 形态特征

黄粉虫的卵颜色为乳白色，形状呈椭圆形。幼虫形状为圆筒形，身体颜色为乳白色，随着生长发育逐渐变为黄褐色。蛹随生长由白色半透明逐渐变为黄棕色。蛹羽化后变为成虫，成虫体形为椭圆形，长1.4～1.8厘米，宽0.6厘米左右，体色为黄褐色或黑褐色，前翅为鞘翅黑色，上有纵行条纹，后翅为膜质翅。

### 习性，生长环境

黄粉虫成虫一般不能飞行，只能靠附肢爬行。黄粉虫喜干不喜湿，不喜光，适宜昏暗环境生活，成虫遇强光照，便会向黑暗处逃避。虽然昼夜均可活动，但夜间活动更为活跃。其食性杂，食五谷杂粮，如糠麸、果皮、菜叶、羽毛、昆虫尸体以及各种农业废弃物。黄粉虫原产于北美洲，20世纪50年代从苏联引进我国饲养，现分布于世界各国。在我国主要分布在黑龙江、辽宁、山西、山东等省。目前人工饲养的黄粉虫几乎每个省都有。

## 二、营养及成分

黄粉虫含有多种营养成分。实验研究表明黄粉虫中蛋白质的含量为50%～60%，含有多种氨基酸，研究测定其含有17种氨基酸，含有7种人体必需氨基酸，其中赖氨酸的含量较高，含量为5.7%，游离氨基酸含量为牛奶中含量的11倍。黄粉虫碳水化合物含量为7.4%，脂肪含量为24%，脂肪中不饱和脂肪酸（油酸、亚油酸、亚麻酸）含量较高，含量为76.2%。黄粉虫含有多种脂溶性维生素A、D、E、K和水溶性维生素B族，且含量较高。此外黄粉虫含有多种矿物质元素，如钠、镁、钙、钾、铁、锰、钴、硒、锌、铜、铬、硼、碘等。因此，黄粉虫是一种高蛋白、低脂肪、富含多种活性物质的优质食品。

## 三、食材功能

**性味** 味甘、酸，性温。

**归经** 归脾、胃经。

**功能**

黄粉虫入药具有抗氧化、抗疲劳，降血压、降血脂、调节血糖、活化细胞、调节机体环境、提高免疫力、延缓衰老、防皱、美白、养颜的作用。黄粉虫在活血强身、治疗消化系统疾病及康复治疗、老弱病人群的基本营养补充方面具有辅助作用。

## 四、烹饪与加工

**麻辣黄粉虫**

（1）材料：黄粉虫或幼虫、植物油、麻辣酱。

（2）做法：将黄粉虫或幼虫洗净，沥干水分放入热油中炸至微黄，拌入麻辣酱即可食用。

**蛋炒黄粉虫**

（1）材料：黄粉虫、大蒜、葱、植物油、鸡蛋、盐。

（2）做法：将黄粉虫清洗干净后沥干水分，将大蒜、葱切碎和黄粉虫一起放入热油锅中翻炒，将鸡蛋液调成糊状，倒入锅内继续炒制，至蛋液熟透，加盐即可。

**油爆黄粉虫**

（1）材料：黄粉虫、盐、味精、植物油。

（2）做法：将黄粉虫清洗干净，沥干水分后加盐、味精拌匀，锅中放入适量的植物油后烧至七成热，放入处理好的黄粉虫爆炒至熟盛出。

油爆黄粉虫

## 五、食用注意

黄粉虫体内含有少量有害物质，经过排杂清理体内的毒素后，才可用作食品原料。

## 延伸阅读

### 黄粉虫降解塑料的故事

黄粉虫俗称面包虫，为全变态类昆虫。黄粉虫是目前已经发现的塑料降解效率最高的昆虫之一。将50头黄粉虫放入聚乙烯薄膜中，经过25天，含有淀粉的塑料薄膜被黄粉虫啃食殆尽，只剩下小块的碎片。以聚苯乙烯泡沫塑料为单一食源喂养黄粉虫幼虫，100只幼虫每天可以吃掉34～39毫克泡沫塑料，聚苯乙烯塑料被降解矿化为13C标记的二氧化碳与虫体脂肪。黄粉虫对塑料的降解原理是虫体内自身的菌群，而非肠道分泌出的酶液。

# 天牛

一场污名锯树郎，蚀根驻干甚猖狂。
也非造化浑无益，心脾归经治淤伤。

——《天牛》（现代）关行邈

## 一、物种本源

### 拉丁文名称，种属名

天牛（*Cerambycidae*）属于鞘翅目天牛科，又名蠰、啮桑、天水牛、八角儿、花妞子、苦龙牛、蛀柴龟等。因其力大如牛，又可在天空中飞翔，因此称其天牛。

### 形态特征

天牛生活史经历卵、幼虫、蛹和成虫4个阶段。天牛幼虫身体颜色为淡黄色或白色，为长圆形，体粗且肥，少数体细长。多数蛹羽化后的天牛成虫为长圆筒形，背部略扁；触角呈鞭状，着生在额的突起（触角基瘤）上，触角很长，多超过身体长度。

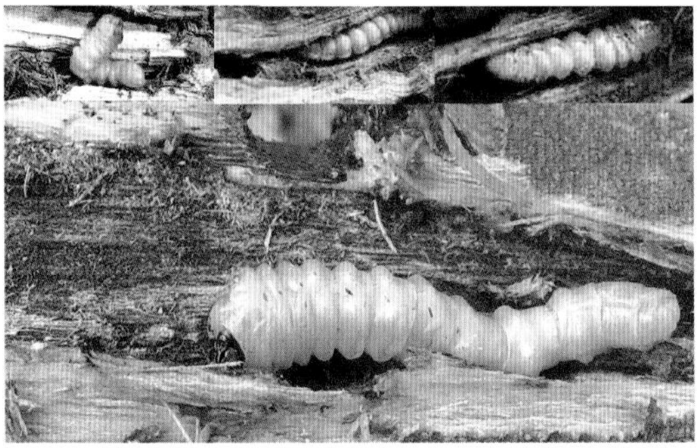

天牛幼虫

### 习性，生长环境

天牛种类繁多，世界已知有22 000多种，其中数量最多的是星天牛和桑天牛2种，桃红颈天牛、云斑白条天牛、光肩星天牛等数量也很多。天牛是植食性昆虫，主要危害木本植物，是林业生产上的主要害虫。天牛分布广泛，在我国大部分地区均有分布。

## 二、营养及成分

以星天牛和粗鞘双条杉天牛幼虫为例。这两种天牛幼虫蛋白质含量为其鲜重的16%～18%，比鸡蛋、猪肉中的蛋白含量均高。含有多种氨基酸，总氨基酸含量分别约为鲜质量的16%和13%，其中谷氨酸含量最高，分别约为2.3%和2.1%，含有7种人体必需基酸，人体必需基酸含量分别约为7%和5.5%，属优质的蛋白质来源。脂肪含量约为鲜质量的13%，且不饱和脂肪酸含量较高，约为总脂肪的77%，其中油酸含量分别为44%和62%，亚油酸含量分别为23%和2.9%，差异较大，说明不同种类的天牛营养成分有一定的差异。天牛幼虫中胆固醇的含量较低，平均为0.03%。此外，天牛幼虫还含有多种矿物质元素，如钾、钙、铁、铜等。





## 三、食材功能

**性味** 味甘，性温。

**归经** 归心、脾经。

**功能**

《本经逢原》载：天牛幼虫主治劳伤瘀血、血滞经闭、腰脊疼痛等。

《本草纲目》载：天牛入药，治痃疾寒热，小儿急惊风及疔肿。

## 四、烹饪与加工

**炒天牛成虫**

（1）材料：天牛成虫、植物油、葱、姜、料酒、酱油、盐、白糖。

（2）做法：将天牛成虫肚子挑穿，挤出内脏，洗净待用。锅内放油烧至七成热，将葱、姜煸香，投入天牛成虫煸炒，烹入料酒、酱油，加入盐、白糖，煸炒至天牛成虫熟而入味，出锅装盘即成。

炒天牛成虫

**天牛干**

将天牛放入沸水中快速烫死后捞出，晒干或烘干即可，可作为调味品用于熬汤、煮粥、炒菜等烹饪中。

**天牛粉**

选用天牛干研磨成细粉，可冲水泡服。

## 五、食用注意

孕妇忌食天牛。

## 传说故事

### 天牛与老牛

中午时分，一头老牛闭着眼睛，在一棵枝繁叶茂的大树下休息。大树努力伸展浓密的树叶和树枝，为老牛撑起一把巨大的遮阳伞。

扑楞楞，一只天牛朝大树飞来。大树发现了，立即大声喊道：“天牛，走开，不要靠近我！”

天牛听了，不满地说：“我和老牛同样是牛，你为什么允许老牛躺在你的脚下休息，还主动为他撑起一片绿荫？而你见了我就忙不迭地驱赶我，这也太厚此薄彼了吧？”

“闭嘴吧你！你还好意思说，你虽然名字带个牛字，可你和牛根本不是一类。牛靠近我，只是想休息片刻，好养足精神耕地，造福人类，而你一旦飞到我身上，就会在我身上到处打洞，让我遍体鳞伤，你带给我的只有伤害，我又怎么会欢迎你呢？”大树一边说，一边警惕地看着天牛。

天牛看看正在树下酣睡的老牛，再看看横眉冷对自己的大树，恍然大悟：原来，只有造福于人，才能受到别人的尊重和欢迎；祸害别人，人们唯恐避之不及。想到这儿，天牛顿时觉得无地自容，闭上嘴巴，羞愧地灰溜溜飞走了。

# 蜣螂

扰扰蜣螂不足评，区区只逐粪丸行。
若乘饮露嘶风便，又作人间第一清。
——《蜣螂》（宋）王令

## 一、物种本源

### 拉丁文名称，种属名

蜣螂（*Catharsius molossus* Linnaeus）属于鞘翅目金龟甲科蜣螂属，俗称屎壳郎，又名蛣蜣、推屎虫、黑牛儿、大将军、铁角牛、粪球虫等。

### 形态特征

生活史经历卵、幼虫、蛹和成虫4个阶段。蜣螂成虫身体颜色为稍带光泽的黑色或黑褐色，口与胸部下方被有褐红色或褐黄色纤毛，体表坚硬，具有咀嚼式的口器、鳃叶状触角和发达的复眼，足为开掘足。前翅隆起，为布满致密皱纹的鞘翅，后翅为黄色或黄棕色膜质翅。雄虫头部前方形状为扇面状，表面皱纹呈鱼鳞状，中央有略呈方形的角突，前胸背板密布匀称的小圆突，中部有横形隆脊。雌虫比雄虫体形略小，形态特征与雄虫很相似，但头部中央不呈角状突而为后面平、前面扁圆形的隆起。

### 习性，生长环境

蜣螂为夜行性昆虫，在牛粪堆、人屎堆等粪堆下掘土穴居。蜣螂把大堆的牛粪做成小圆球，然后一个个推向预先挖掘好的洞穴中贮藏，慢慢享用，有“自然界清道夫”之称号。世界上蜣螂种类繁多，有2万多种，分布范围广泛，南极洲以外的任何一块大陆均有分布。

## 二、营养及成分

蜣螂含有多种有效成分，其中含有多种氨基酸，总氨基酸含量为41%左右，谷氨酸、甘氨酸、丙氨酸的含量较高，占总氨基酸含量的30%

左右，含有8种人体必需氨基酸，占总氨基酸含量的36%左右。含有多种脂肪酸，其中不饱和脂肪酸含量超过50%。蜣螂还含有多种矿物质元素、黄酮类、多巴胺衍生物等活性物质。此外，蜣螂还含有约1%的蜣螂毒素，使用时应注意用量。

## 三、食材功能

**性味** 味咸，性寒。

**归经** 归肝、胃、大肠经。

**功能** 蜣螂入药有清热解毒、拔毒生肌、破血逐瘀以及定惊、通便、散结的功效，主治小儿惊痫、噎膈反胃、腹胀便秘、痔漏、疔肿、恶疮、大人癫疾狂易等。

## 四、烹饪与加工

炮制蜣螂

### 油炸蜣螂

（1）材料：蜣螂、盐、植物油。

（2）做法：将活蜣螂空腹2~3天，使其排完粪便，清洗干净后放锅内，加盐水，小火煮至僵直，捞出沥水。油锅烧至五成热，投蜣螂炸至金黄色捞出装盘即成。

### 炮制蜣螂

蜣螂生服含毒，可用米炒至去毒，米炒拣去杂质，洗净捞出，晒干或烘干后用米微炒，放凉即可。

**蜣螂粉**

蜣螂洗净后放入沸水中烫一下，捞出，炭火烘干后将其用粉碎机粉碎，可冲水泡服，或作为调味品用于熬汤、煮粥、炒菜等烹饪环节。

## 五、食用注意

脾胃虚寒者及孕妇禁服。

## 传说故事

### 蜣螂和鹰

鹰在追一只兔子。兔子看见没有什么人可以救它，只是恰巧看到一只蜣螂，便求它援助。蜣螂鼓励兔子别怕，它见鹰将要到来，便请求鹰不要抓走向它求救的那只兔子。但是鹰见蜣螂很小，看不起它，就在它的眼前把兔子吃掉了。

自此以后，蜣螂深以此为憾，它便不断地去守候鹰的巢，只要鹰生了卵，它就高高地飞上去，把鹰卵推滚出来，将它打碎。

鹰到处躲避，直至后来飞到宙斯那里去（因为它是属于宙斯的神鸟），请求宙斯给它一个安全的地方可以养育儿女。宙斯许可它在自己的膝上来生产。

蜣螂知道了这件事，便做了一个粪团，高飞上去，到达宙斯的头顶上，把粪团落在宙斯的膝上。宙斯想要拂落那粪团，便站了起来，不觉把鹰的卵掉了下来。自此以后，据说在蜣螂出现的时节，鹰是不造巢的。

这故事教人不要看不起别人。

# 蟑螂

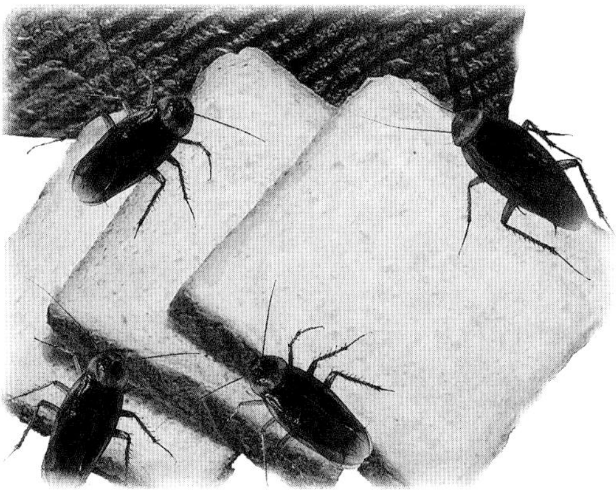

易名宽翅号蟑螂，翅阔头尖牙用长。
身要匾摊脚要细，只许英雄三二番。

——《论蟑螂形》（宋）贾似道

## 一、物种本源

### 拉丁文名称，种属名

蟑螂（*Blattodea*）为蜚蠊目蜚蠊科昆虫，俗称蜚、蜚蠊、茶婆虫、小强、偷油婆等。

### 形态特征

蟑螂整个生活史包括卵、幼虫和成虫3个时期。卵为窄长形，乳白色，半透明，在卵鞘中排成整齐的两列。刚孵出的幼虫呈白色，以后颜色逐渐变深，幼虫形态特征与成虫相似，其主要区别是虫体小，没有翅膀。幼虫最后一次蜕皮后羽化为成虫。蟑螂成虫体形大小中等，身体扁平，黑褐色，头小，能活动。触角丝状较长，复眼发达，翅平，前翅为革质，后翅为膜质，两翅大小基本相同，覆盖于腹部背面。有的蟑螂种类无翅，不善飞，能疾走。

### 习性，生长环境

蟑螂喜好温暖、潮湿的环境，为杂食性昆虫。主要分布在热带、亚热带地区，常见的有德国小蠊、美洲大蠊和黑胸大蠊。蟑螂分布广泛，世界各地均有分布。

## 二、营养及成分

蟑螂表皮为甲壳质，它是氨基已经乙酰化的氨基葡萄糖所成的多糖类，表皮中还含有少量类似虫胶的物质。美洲大蠊的肌肉水解生成亮氨酸、苯丙氨酸、缬氨酸–蛋氨酸、酪氨酸、脯氨酸、丙氨酸、谷氨酸–苏氨酸、甘氨酸–丝氨酸、精氨酸、组氨酸、赖氨酸–胱氨酸等。美洲大蠊的红肌比白肌较富于细胞色素，能合成甾醇。美洲大蠊干品含有18种氨基酸及活性肽等成分。

## 三、食材功能

**性味** 味咸，性寒。

**归经** 归肝、脾、肾经。

**功能**

蟑螂入药有通利血脉、生肌止血、破血逐痘散结的作用，主治寒热、血滞、瘀血闭经及跌打损伤等。具有治疗创伤、心血管疾病与抗衰老等作用。具有提高人体免疫力，维持人体的机体生理平衡等重要作用。

## 四、烹饪与加工

**炒蟑螂**

（1）材料：蟑螂、葱、姜、干辣椒、植物油、盐、酱油、味精。

（2）做法：将蟑螂洗净，除去翅膀和触角备用。切适量的葱丝、姜

炒蟑螂

丝、干辣椒备用。锅中倒适量植物油，烧到七成热爆炒葱丝、姜丝和干辣椒，炒出香味后倒入蟑螂。在蟑螂炒至金黄时加入适量盐、酱油，再炒1分钟后加入味精起锅装盘即可。

### 蟑螂干

将蟑螂洗净后烫一下，焙干或晒干即可成干品，可作为调味品用于熬汤、煮粥、炒菜等烹饪环节中。

### 蟑螂提取物

先以含水乙醇提取，醇提液除去乙醇后，以水–石油醚系统进行萃取，收集石油醚层，除去溶剂后，即得蟑螂提取物。所得提取物可用于各类药品、食品的制备。

## 五、食用注意

孕妇忌用。食用时建议高温加工，去除内脏、肠道等。

## 蟑螂的传说

唐朝时期，有一对年轻的夫妻，被人们称为金童玉女。两人恩爱有加，每天都待在家中，都不愿意对方外出做工受苦受累。夫妻二人苦思冥想，找到一个不用辛苦做工，也能解决三餐温饱的办法——找神仙帮忙。

夫妻俩从一些有名气的山里寻找，这一找就是十天半个月。一天，他们又跑到山上碰运气，一位白胡子老头与他们擦肩而过，夫妻二人连忙转身叫住了老头。“仙人，仙人！你能帮帮我们吗？”听完二人的想法后老头便哈哈大笑起来：“傻孩子，这世上哪里会有什么神仙。不辛勤劳作，就想丰衣足食？这天底下哪有这般好事？别再白日做梦了，还是回去吧！”老头笑道。夫妻俩听了老头的话不但没有放弃，反而更加坚定，他们觉得这是仙人在考验他们的信念。

这天，他们在山上又遇见了一个白胡子老头，不过这老头身穿一身白衣，一举一动都与常人不同，有一种说不出的气质。两人深深地认为这老头一定就是人们口中的仙人，便跪在地上苦苦哀求起来。老头见二人有如此坚定的信念，便大手一挥，凭空变出了两套衣服。夫妻二人接过衣服之后，满心欢喜地下山去了。到了晚上，夫妻二人听从仙人的话，在午夜子时，把衣服给换上，便会得到自己想要的愿望。

果不其然，夫妻二人穿上衣服之后，身体逐渐缩小。一会的工夫，两人就变成了两只蟑螂。夫妻二人终于实现了自己的愿望，整天都待在别人家的厨房或是各个阴暗的角落里，吃着别人家的残汤剩饭。只不过，没有人知道他们到底有没有后悔变成这个模样。

# 地鳖

癫狗咬毒无妙方，
毒传迅速有难当。
桃仁地鳖大黄共，
蜜酒浓煎连滓尝。

——《癫狗咬毒汤》
汤头歌

## 一、物种本源

### 拉丁文名称，种属名

地鳖（*Eupolyphaga sinensis* Walker）为蜚蠊目地鳖蠊科昆虫，俗称可泡虫、地鳖虫、土鳖、地乌龟、节节虫、臭虫母、土元、新星土元、转屎虫、土肥元等，中医上称其为土元。

### 形态特征

地鳖的生活史需要经过卵、若虫和成虫3个阶段，初孵若虫为白色，形态特征似臭虫，成虫身形似扁平卵形，前头窄，后头宽，头小、无翅（雄虫有翅），触角为丝状。前胸背板比较发达将头部盖住，腹背板以覆瓦状排列，有9节。背部颜色为具有光泽的紫褐色，腹面为红棕色，足上有刺和细毛。

### 习性，生长环境

地鳖属于杂食性昆虫，生于阴暗潮湿的土壤中，白天潜伏，夜晚活动。在我国主要分布于华南地区。

## 二、营养及成分

地鳖含有多种营养成分。主要成分有蛋白质、氨基酸、脂肪酸和矿物质元素等。地鳖水分约为60%，鲜品中蛋白质含量约为25%，总糖含量约为4%，灰分约为5%。实验检测出其含有18氨基酸，包含人体必需的8种氨基酸，占总氨基酸含量的比例约为35%。含有12种脂肪酸，其中不饱和脂肪酸占75%，亚油酸占29%。地鳖含有多种矿物质元素，如钙、磷、镁、钾、钠、锌、铜、铁、锰、硒等。地鳖含有维生素A、维生素D、维生素K和维生素E。此外，地鳖还含有生物碱、尿嘧啶等生物活性成分。

## 三、食材功能

**性味** 味咸，性寒。

**归经** 归肝经。

**功能**

（1）抗凝血和抗血栓作用。土鳖含有抗凝组分，能降低纤维蛋白原含量，抑制血小板聚集并降低血液凝固程度，具有良好的体内抗凝药效。土鳖含有溶栓活性蛋白，具有抗血栓作用。

（2）降血脂作用。土鳖虫粉具有调节血脂的作用。

（3）抗氧化、增强免疫、抗菌的作用。地鳖多肽具有延缓衰老、调节免疫作用，含有的生物碱类具有抗菌作用。

## 四、烹饪与加工

**地鳖干**

将清洗干净的地鳖晒干或烘干即可，可用于熬汤、煮粥、炒菜等烹饪环节中。

地鳖干

### 辣炸地鳖

（1）材料：地鳖、植物油、辣椒粉、盐、花椒、孜然。

（2）做法：首先将得到的地鳖空腹3~4天，排空消化系统。以盐水清洗干净，放入沸水煮2~3分钟，控干水分后入锅油炸，以炸至金黄酥脆为佳。将炸好的地鳖撒上辣椒粉、盐、花椒、孜然等调味品即可。

## 五、食用注意

（1）过敏体质者慎用，孕妇禁用，月经过多者禁用，儿童忌用。

（2）不宜超量、久服，以免引起出血。

## 传说故事

### 地鳖制药的故事

明朝年间，江南的一小镇上有一位朱某开设了一家武馆，奇怪得很，凡来武馆习武者，有伤筋动骨的，只要服用朱武师给的药粉，很快就痊愈了，仍可以照常习武。

此事被姓杨的医生知晓，便登门求其医术。朱武师敬其医德，就以实相告。原来朱武师幼年时，家境十分贫寒，父母早逝，靠祖父抚养，祖父在一家油坊打工谋生。一日，祖父不慎从高处摔下来，腿骨折了，主人嫌其累赘，便将他抛到油渣棚内，任其死活。

那年，油渣棚生了许多土鳖，祖父就靠食土鳖求生。没想到一个月有余，断腿和伤痛居然痊愈了。后来，祖父就用土鳖给人治病，治者必痊愈。祖父临终前，就将此方传给了朱武师。朱武师见杨医生为人诚实，不辞劳苦，求医术解救病人，十分敬佩，便将土鳖焙干碾成药粉，一次一撮之方传于杨医生。杨医生即用此方疗伤接骨，颇为灵验。此后，杨医生便将此方录入了他著的医书中，从此流传于世。

# 蝇蛆

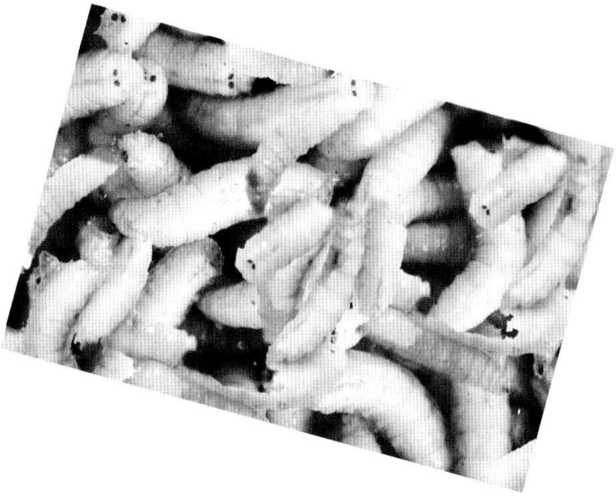

溥天之下号寰区，大禹曾经治水余。
衣到弊时多虮虱，瓜当烂后足虫蛆。
龙章本不资狂寇，象魏何尝荐乱胡。
尼父有言堪味处，当时欠一管夷吾。

——《观十六国吟》（宋）邵雍

## 一、物种本源

### 拉丁文名称，种属名

蝇蛆（*Musca domestica*）为苍蝇的幼虫，属双翅目蝇科家蝇属。别名：蛆、五谷虫、水仙子、罗仙子等。

### 形态特征

苍蝇生活史由卵、幼虫（蝇蛆）、蛹、成虫（苍蝇）4个阶段组成。苍蝇的卵较小，颜色为白色，形状为长椭圆形。幼虫体色为灰白色，身体后端钝圆，前端逐渐尖削，无足，口器呈钩爪状，前气门呈扇形，后气门呈D形。蛹呈椭圆形，初化蛹为黄白色后逐渐变为棕红或深褐色。成蝇身体长5~8毫米，眼睛红褐色，触角芒状，口器为吮吸式。翅膀膜质透明，基部略有黄色，足黑褐色。

### 习性，生长环境

蝇蛆主要产于粪便堆、垃圾和腐败物质中。苍蝇分布于世界各地，其中以家蝇分布最广、数量最多。

## 二、营养及成分

蝇蛆含有多种营养和生物活性物质。富含蛋白质、维生素及多种脂肪酸等。实验测定结果表明新鲜蝇蛆的糖含量很低，仅为0.9%。蝇蛆干制品中蛋白质含量高达62.5%，含有多种氨基酸，其中含有的人体必需氨基酸占总氨基酸含量的47.7%，人体必需氨基酸含量是鱼粉中含量的2.3倍。新鲜蝇蛆的脂肪含量很低，为5.4%，含有多种脂肪酸，其中不饱和脂肪酸所占比例较高，高达68.2%，因此蝇蛆属于高蛋白、低糖低脂的优质资源。蝇蛆中含有多种维生素且含量相对较高。此外，蝇蛆还含有多种矿物质元素，如钾、钙、镁、铁、锌、锰、磷、钴、镉、镍、硼、铜、硒等，其中铁、锌和硒含量分别为268毫克/千克，159毫克/千克和8.9毫克/千克。每100克蝇蛆的部分营养成分见下表所列。

| | |
|---|---|
| 维生素A | 727.8毫克 |
| 维生素D | 131毫克 |
| 维生素E | 10毫克 |

## 三、食材功能

**性味** 味苦咸，性寒。

**归经** 归脾、胃经。

**功能**

（1）抗菌作用。成虫蝇分泌出一种抗菌活性蛋白，具有强大杀菌作用。

（2）提高免疫力、促生长。蝇蛆不仅活性蛋白含量高，还含有大量对人体有着特殊作用的几丁质、抗菌肽防御素和外源性凝集素，能有效提高机体内的T–淋巴细胞的免疫力，增强人体免疫机能，提高机体抗突变能力，预防恶性疾患的发生或有助于疾病患者的康复。

（3）营养保健、改善肠胃功能失调、预防心血管疾病。蝇蛆具有清洁肠胃，促进肠内有益菌群增殖，改善肠胃功能失调，清洁血管，降低胆固醇，降脂降压，预防心血管疾病的作用，对机体功能衰退的老人，以及厌食、呕吐、腹泻、胃肠功能紊乱等消化不良者和糖尿病、肺结核、肝炎、甲状腺功能亢进等症状的人具有较好的营养保健和辅导治疗作用。

（4）抗疲劳、抗辐射，延缓衰老。

## 四、烹饪与加工

### 蝇蛆粥

（1）材料：白米饭、益生菌种、蝇蛆。

（2）做法：将煮好的白米饭放凉，舀进干净的罐子里，加入少许引出酸味的益生菌种，发酵3~7天后，加入洗净后的蝇蛆，熬制成粥。

蝇蛆蛋白粉

### 蝇蛆蛋白粉

用粮食类饲料饲养蝇蛆，采用分离出的鲜蛆为材料研磨匀浆后过滤，滤出残渣，匀浆经喷雾干燥即成全脂蝇蛆蛋白粉。

### 蛆油

用氯仿或石油醚等有机溶剂反复浸泡蝇蛆后，采用蒸馏器、冷凝器去除溶剂即可得蝇蛆脂肪。

### 蝇蛆干

将收集到的蝇蛆，清水冲洗干净，高温烘干后，即可制得蝇蛆干。食用时可冲水泡服，或用于熬汤、煮粥、炒菜等烹饪环节中。

## 五、食用注意

脾胃虚寒无积滞者忌食蝇蛆。

## 传说故事

### 命悬一线时，苍蝇来帮忙

从前有两个员外，一个叫王员外，一个叫李员外，两人十分要好，就像亲兄弟一般。这一年，王员外和李员外的媳妇同时怀上了孩子，这还真是巧了，于是两人决定亲上加亲，来了个指腹为婚。果然在第二年，王员外和李员外的媳妇先后生了。王员外家是个儿子，李员外家是个女儿，于是就给两人定了娃娃亲。王员外的儿子在学堂念书，李员外的女儿在家绣花。

可惜，天有不测风云，不久后，王员外外出做生意，被一伙强盗谋财害了性命，家里少了顶梁柱，渐渐衰落了。王员外的儿子也念不起书了，田也不会种，买卖也不会做，整天跑池塘里面捞苍蝇，苍蝇捞上岸就飞了。人们嘲笑他说："若要穷，玩毛虫，毛虫上了天，气的穷汉翻白眼！"

李员外看到王员外家已衰败，王员外的儿子又整天捞苍蝇，看他越来越不顺眼，不想将女儿嫁给他，但是又不好公然毁约，于是想了个计策！这年冬天正好下着雪，北风呼呼地刮着，天又阴了起来，这时，李员外的家奴来请王员外的儿子，说李员外让他晚上去商量结婚事宜，一定要去！

王员外的儿子等到晚上，结果实在太困睡着了，快到三更时候突然惊醒，暗道"坏了大事"，赶紧冒着雪跑到李员外家。看见门虚掩着，于是推门就进去了，可是刚走两步就被一个软绵绵的东西绊倒了，两手黏糊糊的，他点上灯仔细一看，原来地上躺着个死人，而他的手上沾满了血！他觉得事情不好，赶紧跑了，走的时候推门，门上印了两个血手印。刚到家，官府的人就赶到了，说门上有他的血手印，将他押回了衙门，在大刑伺候之下，王员外儿子扛不住认了。

就在县官手握朱笔，写宣判书的时候，一只苍蝇飞来抱住了笔头。县官一甩笔，苍蝇被甩到了皮鼓上，正准备写又来一只苍蝇，这回又被甩到了鼓上。一连几次，苍蝇越来越多，县官大怒，也不管苍蝇硬是写成了！

王员外的儿子被押到了刑场上，这时不知从哪飞出来好多苍蝇，密密麻麻全都飞到了王员外儿子的脖子上。刀斧手拿起快刀，连砍三下，结果硬是砍不透苍蝇，没办法只得去报告县官。

县官这时才意识到，肯定是冤枉了王员外的儿子，于是提笔重新判。苍蝇还是抱笔，还是被甩在了皮鼓上，县官向别的地方甩去，但是苍蝇绕了个圈又黏在皮鼓上。县官也聪明，想来苍蝇总是黏在皮鼓上，这凶手不是皮粘就是粘皮，于是下令去查，果然李员外家有个皮粘，于是将此人缉拿归案。

皮粘吓得屁滚尿流，赶紧将李员外请王员外儿子商量婚事，自己如何将李员外家丫鬟杀死嫁祸给王员外儿子，前前后后全都说了。县官听罢，立刻派人将皮粘砍头，责令王员外儿子和李员外女儿成亲！

# 螳螂

谁见螳螂能拒辙，萤虫七夕吞明月。
织女心宽不作声，牵牛一棒和空折。

——《颂证道歌·证道歌》
（宋）释印肃

## 一、物种本源

### 拉丁文名称，种属名

螳螂是螳螂目（*Mantodea*）昆虫的总称，是农业害虫的重要天敌，别称不过、刀螂、祷告虫等。

### 形态特征

螳螂生活史经历卵、若虫和成虫3个阶段。螳螂的卵外有卵鞘保护，每一卵鞘内有40～300个卵。卵鞘初始阶段较柔软，为白色或乳白色，后逐渐变硬，颜色变为土黄色、黄褐色或黑褐色，大小形状不同。若虫形态特征与成虫相似。螳螂典型的特征是有两把“大刀”，即两前肢，肢上有一排坚硬的锯齿，用于捕捉猎物，在其末端长有攀爬的吸盘。螳螂成虫体形比一般昆虫大，身体长度为55～105毫米，形状为流线型，身体颜色以绿色、褐色为主，偶也有花斑的种类，扇形的头部较小，口器为咀嚼式，大而透亮的黄绿色复眼比较突出，具有3个单眼，位于两眼之间。触角丝状细长，前翅为覆翅，狭长，后翅膜质，后足为跳跃足。

### 习性，生长环境

螳螂为陆栖捕食昆虫，昆虫中的小型种类均可成为其猎物，也有一些大型的昆虫如蝉、飞蝗等也可被其捕捉。螳螂具有自我保护特征，具有拟态行为，如拟态成花、拟态成叶、拟态成水滴与拟势同猎物等拟态行为。螳螂种类较多，已知品种有2 000多种，我国约有147种，其中常见的有中华大刀螳、狭翅大刀螳、薄翅螳螂等。螳螂的分布范围极其广泛，除极地外，广布世界各地，在我国大部分地区均有分布，尤以热带地区种类最为丰富。

## 二、营养及成分

葛德燕等人发现广斧螳秋末雌虫新鲜样品中含水量为67%，其干物质中总糖含量约为1%，蛋白质含量约为66.4%，脂肪约占14.3%，灰分约为3.6%。含有16种氨基酸，其中必需氨基酸含量约为32.7%，占总氨基酸的43%，其中谷氨酸含量最高，约为8.5%，其次为色氨酸，含量约为7.6%。含有多种脂肪酸，但脂肪酸总含量较低，其中不饱和脂肪酸含量较高，约为总脂肪酸含量的63.1%。广斧螳秋末雌虫含有多种矿物质元素，如钠、钾、镁、钙、铁、锌、铜、锰等。

## 三、食材功能

**性味** 味咸、甘，性平。

**归经** 归心、肝经。

**功能**

（1）《医林纂要》：螳螂入药，可补心、缓肝，去风热，定惊痫。入心而能泄热气，散瘀血。治惊痫、咽喉肿痛、痔疮等。

（2）螳螂有滋补强身、健肾益精、止搐定惊、镇静、消炎、降血脂、降低血小板聚集、促进生长之功能。主治体虚无力、阳痿遗精、小儿惊风抽搐、遗尿、痔疮及神经衰弱等症。与其他药物配伍，可治疗风湿性关节炎和类风湿性关节炎等。

## 四、烹饪与加工

**油炸螳螂**

（1）材料：螳螂、盐、植物油。

（2）做法：将活螳螂空腹2～3天，使其排完粪便，清洗干净后放锅内，加盐水，小火煮至僵直，捞出沥水。油锅烧至五成热，投螳螂炸至金黄色捞出装盘即成。

油炸螳螂

**烧烤螳螂**

（1）材料：螳螂、盐、生抽、料酒、孜然、花椒、辣椒粉。

（2）做法：将活螳螂空腹2~3天，使其排完粪便，清洗干净后以盐、生抽、料酒腌制1~2小时。用竹签串成串，撒上盐、孜然、花椒、辣椒粉，进行烧烤。

## 五、食用注意

血热无瘀者慎用。

## 传说故事

### 螳臂当车的故事

有一次，齐庄公带着几十名侍从进山狩猎。一路上，齐庄公兴致勃勃，与侍从们谈笑风生，驾车驭马，好不轻松愉快。突然，前面不远的车道上，有一个绿色的小东西，近前一看，原来是一只绿色的小虫豸。那小虫豸正奋力高举起它的两只前臂，挺直了身子直逼马车轮子，一幅要与车轮奋斗的架势。

小小一只虫子，居然敢与复杂的车轮较劲，那情形十分动人。这有趣的排场引发了齐庄公的注意，他问摆布："这是什么虫子？"

摆布回道："大王，这是一只螳螂。"

庄公又问："这小虫子为什么这般样子？"

摆布回道："大王，它要挡住我们的车子，它不想让我们过去呢。"

"噫！真有趣。为何会如许呢？"庄公饶有乐趣地问摆布。

摆布答道："大王，螳螂这小虫子，只知前进，不知退却，自不量力，又轻敌。"

听了摆布这番话，庄公反而被这小小螳螂感动，他感伤地说道："小小虫儿，志气不小，它如果是人的话，必然会成为最受全国尊重的勇士啊！"说完，他嘱咐车夫勒马回车，绕道而行，不要碾压螳螂。

后来，齐国的将士们听闻了这件事，都很受感动。从此，他们打起仗来更加英勇，都愿以死来尽忠齐庄公。人们常说螳螂当车，不自量力。但是我们从另外一面来看，螳螂挡车之勇，其实也可赞可叹！

# 蜻蜓

泉眼无声惜细流，树阴照水爱晴柔。
小荷才露尖尖角，早有蜻蜓立上头。

——《小池》（宋）杨万里

## 一、物种本源

### 拉丁文名称，种属名

蜻蜓（*Dragonfly*）属于昆虫纲蜻蜓目一种食肉性昆虫，又名灯烃、负劳、蝍蛉、蜻蛉、青娘子等。

### 形态特征

全世界有5 000多种，我国蜻蜓目种类有308种。蜻蜓生活史经历卵、稚虫和成虫3个阶段。“蜻蜓点水”是蜻蜓将卵产在水中的生物学特征。稚虫生活在水中，在水中以水生生物为食，羽化前爬出水面。蜻蜓成虫体形大小因种类不同而有差异，从中等大小到较大的均有，身体颜色有黄色、蓝色、绿色或褐色等。蜻蜓头较大，形状为半球形或哑铃形，两复眼发达，相互接触，触角为刚毛状、很短，翅膀膜质，具有发达的网状翅脉，后翅基部比前翅基部稍大，停息时四翅展开，平放于两侧，腹部细长。





### 习性，生长环境

以苍蝇、叶蝉、蚊子和小型蝶蛾类等多种害虫为食物，是害虫的天敌。蜻蜓是一类比较原始且种类较多的昆虫，主要分布在热带和亚热带地区。

## 二、营养及成分

蜻蜓含有多种营养成分，实验测定结果表明蜻蜓稚虫的含水量约为81.2%，干物质中蛋白质含量约为65.6%，脂肪含量约为 9.8%，灰分含量约为3%。含有18种氨基酸，占样品总量的53%。包含人体必需的8种氨基酸，约占全部氨基酸总量的42%，精氨酸、谷氨酸、苯丙氨酸和缬氨酸含量较高，含量分别约为7.2%、6.2%、6%和5.6%。含有多种脂肪酸，脂肪酸含量约占脂肪总量的90%，其中不饱和脂肪酸含量较高，约占总脂肪酸含量的63%。含有多种矿物质元素，如钾、钙、钠、镁，锌、铁、锰等。此外，蜻蜓稚虫含有多种维生素。

## 三、食材功能

**性味** 味咸，性温。

**归经** 归肾经。

**功能**

（1）蜻蜓入药可以益肾强阴，息风镇惊，治肾虚遗精、阳痿、咳嗽、咽喉肿痛和百日咳等病症。

（2）蜻蜓富含蛋白质、不饱和脂肪酸、多种矿物质元素等生物活性物质，能够提高人体免疫力，促进胎儿神经和视网膜发育，对治疗心血管疾病和阿尔茨海默病有一定疗效；还具有养颜美容、止咳、解毒之功效。

## 四、烹饪与加工

**油炸蜻蜓**

（1）材料：蜻蜓幼虫、盐、料酒、生抽或烧烤汁、植物油。

（2）做法：从水里捞出蜻蜓幼虫，处理干净，用盐、料酒、生抽或烧烤汁腌制1~2小时后，控干水分，入锅油炸，炸至表面金黄即可出锅。

油炸蜻蜓

### 素炒蜻蜓

（1）材料：蜻蜓幼虫、植物油、葱、姜、蒜、八角、茴香、料酒、盐。

（2）做法：将蜻蜓幼虫处理干净后，用盐水煮熟，捞出晾干。起锅烧油，加入葱、姜、蒜、八角、茴香、料酒炝锅爆香。捞出香料，加入蜻蜓幼虫，大火翻炒3~5分钟，用盐调味即可。

### 干品蜻蜓若虫

选择翅膀还未完全生长出的蜻蜓蛹，洗净，用沸水将其烫一下，晒干或烘干即可。

## 五、食用注意

（1）孕妇禁用。怀孕期间不易用药，减少对胎儿的伤害。

（2）阳盛有热者禁服。

（3）经期服用会导致经血量减少。

## 蜻蜓报讯

据说，从前太湖是一块平地，平地的上面是一座县城叫山阳县，县里有人良心不好，非但不爱惜五谷，不孝敬爷娘，还打家劫舍，杀人放火！天上的玉皇大帝几次三番想把山阳县沉没掉，三番几次都被观世音菩萨用净瓶将水收了去，救了山阳县里的百姓。

玉皇大帝心里不开心，又不好得罪观音，就趁王母娘娘做寿辰，约观音到御花园下棋，说："你平常特别忙，今朝你将净瓶押在我处，等下好棋再还你。"观音因吃了几杯寿酒，就答应了。哪里晓得，等观音一落座，玉皇大帝就叫早已安排好的天兵天将去淹没山阳县。

天兵天将出了南天门。观音这才明白玉帝的用意。又有言在先，不能离开，何况净瓶又在玉帝手里。观音灵机一动，暗暗将头上碧玉簪抽出，趁玉帝下棋时，往下面一掷，变成一只蜻蜓，飞到山阳县去报讯：马上要落大雨、发大水了。善心的老百姓一听，都扶老携幼躲到山上去了，恶人不相信，不走。不一会天兵天将一到，就把山阳县沉没了，变成了现在的太湖。

一直到现在，蜻蜓还在报讯，你只要看到蜻蜓成群地在天上飞，就预示着要下雨了。

# 参考文献


［1］ 廖爱美．蚕蛹油的提取工艺优化、组分分析及其功能评价［D］．合肥：合肥工业大学，2009.

［2］ 魏兆军，姜绍通．蚕食用化开发研究进展［J］．食品科学，2005（9）：574-578.

［3］ 靳春平，邓连霞，杨明英，等．蚕蛹在现代医药和食品方面的应用［J］．蚕桑通报，2014，45（4）：4.

［4］ 潘文娟．柞蚕蛹油超临界提取及微胶囊化的工艺和性状研究［D］．合肥：合肥工业大学，2012.

［5］ 李青峰，王诗琦，赵贺，等．不同品种柞蚕蛹营养价值及风味评价［J］．食品与发酵工业，2022，48（6）：110-116.

［6］ 杨芹，过立昶，陈海琴，等．蚕蛹脂肪酸和游离氨基酸组成及分布特征分析［J］．食品工业科技，2016，37（23）：7.

［7］ 梁贵秋，何雪梅，周晓玲，等．23个蓖麻蚕品种不同发育时期蚕体的营养品质评价简［J］．蚕业科学，2017，43（6）：12.

［8］ 罗群，杨其保，莫现会，等．蓖麻蚕营养成分的含量测定及食用安全性分析［J］．广西蚕业，2017，54（1）：7.

［9］ 张中印，陈志申．蜜蜂与健康［M］．北京：农业出版社，2007.

［10］ 吉勇．蜂蜜的食用价值与行业发展［J］．食品安全导刊，2020（24）：3.

［11］ 夏培廉，卢焕仙．蜂蜜的食用方法与营养保健效果［J］．蜜蜂杂志，1995

(7)：2.

[12] 杨勇，阚健全，刘志华，等. 蜂蛹抗疲劳、抗缺氧作用的实验研究 [J]. 中医药学报，2006，34（004）：17–19.

[13] 平丽娟，方晟，毛建卫，等. 微波真空冷冻干燥蜂蛹工艺的研究 [J]. 食品工业科技，2013，34（1）：4.

[14] 张海生，陈锦屏. 蜂蛹营养成分分析 [J]. 河北农业大学学报，2006，29（6）：91–94.

[15] 冯颖，陈晓鸣，叶寿德，等. 云南常见食用胡蜂种类及其食用价值 [J]. 林业科学研究，2001，14（5）：4.

[16] 郭云胶，汪景安，陶顺碧. 胡蜂资源产业现状与前景 [J]. 现代农业研究，2018（11）：6.

[17] 陈玉惠，欧晓红. 凹纹胡蜂食用虫态营养成分分析及其利用价值评价 [J]. 西南林学院学报，1997（1）：39–42.

[18] 胡罡. 黑蚂蚁入馔有药效 [J]. 四川烹饪，2003（8）：1.

[19] 黄诺嘉，萧树雄. 拟黑多刺蚁的研究 [J]. 现代中药研究与实践，2003，17（1）：60.

[20] Sihamala O. 中国可食用黑蚂蚁（拟黑多刺蚁）的营养评价和抗炎活性 [D]. 杭州：浙江大学，2010.

[21] 刘绍鹏，贺峰，凤舞剑，等. 鳞翅目可食用昆虫研究进展 [J]. 现代农业科技，2017（22）：3.

[22] 郑庆伟. 玉米螟的发生规律与综合防治技术措施 [J]. 农化市场十日讯，2012（14）：1.

[23] 张峰，张钟宁. 食用昆虫资源的开发利用研究 [J]. 资源科学，2001（2）：58–61.

[24] 叶兴乾，胡萃. 六种鳞翅目昆虫的食用营养成分分析 [J]. 营养学报，1998，20（2）：5.

[25] 谢林强. 豆虫制成菜　养殖不愁卖 [J]. 农村百事通，2014（20）：25–26.

[26] 初冬，章卫. 我国的长蠹科昆虫记述 [J]. 植物检疫，1997（2）：42–46.

[27] 柳晶莹. 中国长蠹科和扁蠹科昆虫名录 [J]. 福建农学院学报，1957（1）：99–118.

［28］ 冯颖，陈晓鸣．食用昆虫营养价值评述［J］．林业科学研究，1999，12（6）：662-668.

［29］ 王华山，刘志华．药用蝴蝶的养殖与加工［J］．华夏星火，2002（2）：49.

［30］ 张瑛．药用蝴蝶的养殖与加工技术［J］．北京农业，2000（1）：33-34.

［31］ 姚俊，蒲正宇，史军义，等．我国蝴蝶资源开发利用现状与前景展望［J］．浙江农业科学，2013（9）：1132-1134.

［32］ 王猛．东亚飞蝗蛋白质及多肽降低高脂血症功效研究［D］．长春：吉林农业大学，2020.

［33］ 杨小丽，仇峰，韦日伟，等．药食两用蝗虫的研究进展［J］．安徽农业科学，2011，39（28）：17141-17143.

［34］ 骆雪，张春勇，陈克嶙，等．东亚飞蝗抗菌活性物质的萃取及抗菌效应研究［J］．家畜生态学报，2013，34（2）：53-57.

［35］ 肖红．中华稻蝗蛋白的提取、酶解及抗氧化肽的研究［D］．西安：陕西师范大学，2006.

［36］ 赵云涛，国兴明，李付振．中华稻蝗的营养保健功能与开发利用［J］．经济动物学报，2003（1）：58-62.

［37］ 姚莉．中华稻蝗脂类的提取、组成及生物学功能的研究［D］．西安：陕西师范大学，2005.

［38］ 林育真，许士国，战新梅．中华剑角蝗的营养成分与利用评价［J］．昆虫知识，2000（4）：218-220.

［39］ 姚杰，姚世鸿．贵州蝗虫资源的开发利用［J］．贵州师范大学学报：自然科学版，2006（1）：19-24.

［40］ 郭成，王志刚．赤峰地区八种蝗虫蛋白质含量测定［J］．赤峰学院学报：自然科学版，2010，26（10）：22-24.

［41］ 春来．药用蟋蟀的人工养殖［J］．农村天地，2004（4）：17.

［42］ 涂小云，章士美，王国红．直翅目昆虫的食性分析［J］．江西农业大学学报：自然科学版，2002（5）：608-611.

［43］ 李雪．养殖药用昆虫大有作为［J］．湖南农业，1999（8）：9.

［44］ 赵荣艳，段毅．蝈蝈养殖与利用［M］．北京：金盾出版社，2012（5）：608-611.

［45］涂小云，章士美，王国红．直翅目昆虫的食性分析［J］．江西农业大学学报：自然科学版，2002（5）：608－611．

［46］刘绍鹏，贺峰，凤舞剑，等．直翅目可食用昆虫研究进展［J］．轻工科技，2016，32（11）：9－11．

［47］刘因华，赵远，张菊，等．蝼蛄的研究进展［J］．云南中医中药杂志，2020，41（12）：81－85．

［48］于源江．古代中医对蝼蛄的认识［J］．现代养生，2017（20）：143－144．

［49］魏道智，郭澄，刘皋林，等．蝼蛄的本草考证［J］．中药材，2003（4）：284－286．

［50］张秀江．蚱蝉的药用价值及养殖［J］．河南农业，2003（6）：13．

［51］李镜清．蚱蝉的医疗保健价值及开发展望［J］．上海中医药杂志，1990（11）：29－30．

［52］刘海波，任艳，郭建军，等．九香虫本草考证及其混淆品药用价值探讨［J］．中国现代应用药学，2022，39（4）：566－572．

［53］黄秋强，白晨龙，陈景巧，等．药材九香虫混淆鉴定及指标成分含量测定［J］．海峡药学，2021，33（6）：40－41．

［54］张思聪．九香虫药材生制品比较研究［D］．沈阳：辽宁中医药大学，2021．

［55］李洁，董晓月，杨宜红．花生田蛴螬防治药剂筛选与药效评价［J］．农业科技通讯．2022（2）：170－171＋176．

［56］符云俊．药食昆虫——龙虱的开发及养殖［J］．农村百事通，2007（3）：1．

［57］凌云，董朗．药食兼用的龙虱［J］．四川农业科技，2001（8）：1．

［58］王晓玲．药食龙虱的研究［J］．白城师范学院学报，2006（4）：3．

［59］王琦，周玲仙，殷建忠．竹虫营养成分分析［J］．营养学报，2002，24（3）：2．

［60］何慧，叶垚君，杨瑶君，等．长足大竹象幼虫肠道纤维素酶活性研究［J］．四川林业科技．2020，41（2）：126－132．

［61］彭燕．黄粉虫在食品加工中的应用研究［D］．合肥：安徽农业大学，2013．

［62］李秀兰，师玉环．黄粉虫的开发利用具有良好的发展前景［J］．中国科技纵横，2012（10）：2．

［63］李大军，宋海明，王宝．栗天牛成分分析［J］．吉林林业科技，2011，40（1）：3．

［64］李贝娜，杨振德，林叶邦，等．自然罹病死亡云斑白条天牛幼虫体内微生物的分离鉴定［J］．湖北农业科学，2022，61（7）：69-76.

［65］侯仙明，张书金，贯云芳，等．蜣螂古今应用研究［J］．河北中医药学报，2014，29（2）：3.

［66］刘淑彦，贯云芳，侯仙明，等．蜣螂内服临床应用研究［J］．河北中医药学报，2018，33（5）：11-13.

［67］徐稳根．浅谈白蚁的食品利用价值［J］．湖北植保，1994（3）：1.

［68］林英辉，林启云，李爱媛，等．台湾家白蚁不同提取物保肝作用［J］．广西中医药大学学报，2001，4（2）：23-24.

［69］雪轩．食药珍奇话白蚁［J］．中国保健食品，2020（11）：1.

［70］黄静芝，史庆斌．讨厌的同居者：有关蟑螂［M］．北京：现代出版社，2012.

［71］李永超，李坤，戴仁怀．金边地鳖营养成分分析与评价［J］．环境昆虫学报，2013（4）.

［72］唐庆峰．药用昆虫中华真地鳖营养生理及其活性物质研究［D］．合肥：安徽农业大学，2005.

［73］陈绪荣．真地鳖十四菜式［J］．中国烹饪，2005（12）：4.

［74］杨泽琳，张建斌，郭经宝．蝇蛆资源利用的研究进展［J］．饲料博览，2012（8）：3.

［75］白钢，张翼翔．蝇蛆营养成分的测定与评价［J］．包头医学院学报，2010，26（1）：3.

［76］胡金伟，李猛，陈琰，等．烘干蝇蛆的营养成分评价及其应用前景［J］．饲料工业，2009，30（19）：3.

［77］纪艳，肖志坚，吴恒梅，等．药用昆虫薄翅螳螂的饲养及应用［J］．北方农业学报，2010（2）：67-68.

［78］王振鹏，刘玉升．蜻蜓的综合开发利用［J］．农业知识：科学养殖，2009（8）：1.

［79］姜玉霞．黑龙江省一种药用蜻蜓——褐顶赤蜻［J］．中国林副特产，2004（4）：29-30.

［80］张大治，郑哲民．中国蜻蜓目昆虫研究现状［J］．陕西师范大学学报：自然科学版，2004（S2）：4.

**图书在版编目（CIP）数据**

中华传统食材丛书.昆虫卷／魏兆军，俞志华主编. —合肥：合肥工业大学出版社，2022.8

ISBN 978-7-5650-5326-9

Ⅰ.①中… Ⅱ.①魏… ②俞… Ⅲ.①烹饪—原料—介绍—中国 Ⅳ.①TS972.111

中国版本图书馆CIP数据核字（2022）第157763号

**中华传统食材丛书·昆虫卷**

ZHONGHUA CHUANTONG SHICAI CONGSHU KUNCHONG JUAN

魏兆军 俞志华 主编

| | |
|---|---|
| **项目负责人** | 王 磊 陆向军 |
| **责任编辑** | 孙南洋 |
| **责任印制** | 程玉平 张 芹 |
| **出 版** | 合肥工业大学出版社 |
| **地 址** | （230009）合肥市屯溪路193号 |
| **网 址** | www.hfutpress.com.cn |
| **电 话** | 人文社科出版中心：0551-62903200<br>营销与储运管理中心：0551-62903198 |
| **开 本** | 710毫米×1010毫米 1/16 |
| **印 张** | 12 **字 数** 167千字 |
| **版 次** | 2022年8月第1版 |
| **印 次** | 2022年8月第1次印刷 |
| **印 刷** | 安徽联众印刷有限公司 |
| **发 行** | 全国新华书店 |
| **书 号** | ISBN 978-7-5650-5326-9 |
| **定 价** | 106.00元 |

如果有影响阅读的印装质量问题，请与出版社营销与储运管理中心联系调换。